U0171079

爱上轻晚食

黄　蓓/主编

吉林科学技术出版社

作者简介

黄蓓 时尚达人，美食撰稿人，摄影师。热爱生活，用镜头记录美好瞬间，对于吃的、玩的、有趣的会拍照记录，码字随笔。爱生活、爱厨房、爱分享是其对生活的主张，希望能够通过自己的双手和镜头，把最爱的美味、美景与朋友分享。出版过《便当超人》《豆是好菜》《欢喜厨房家常菜》等畅销图书。

前　言

晚餐怎样吃才合理？

现代社会，大多数人由于工作繁忙，午餐一般在单位吃或点外卖简单地解决，那么晚餐就成了最重要的一餐。而晚餐又会出现两种情况：一是很多人午餐随便应付，想通过晚餐大快朵颐；还有一些人晚上回家很晚，一天的疲惫完全耗尽了对晚餐的欲望，随便煮包方便面或是吃点零食就打发了晚餐。

事实上这两种晚餐习惯都会对身体造成极大的危害。如果晚餐吃得过饱或过晚，或者食用胆固醇过高的食物，如食用油炸、烧烤类食品，都会加重胃肠道负担，并对胃黏膜造成影响，从而增加患病的风险。

那么，晚餐吃什么、怎么吃才健康而且合理？这里我们需要知道以下几点原则。

首先晚餐要吃七分饱。我国素有"早餐吃好，晚餐吃少"的说法，而现在研究发现，"早餐吃好，晚餐吃巧"更为恰当。晚餐后人们的活动量减少，若吃得太多会给身体带来许多的危害，因此晚餐要巧吃为宜。

其次是晚餐宜清淡，尽量选择脂肪少、易消化的食物。因为晚餐如果营养过剩，就会使大量的脂肪堆积在体内，造成肥胖，影响健康。此外辛辣刺激类食物也应尽量避免，它会引起中枢神经兴奋从而影响睡眠。

再次要注意荤素搭配。有些人为了减肥或是追求省事，晚餐不吃荤类的食物。事实上食物搭配与营养均衡才是健康晚餐的关键，荤素相互搭配进食会使营养更丰富。

最后主食以粗粮为主。现代人生活水平提高，主食大都以细粮为主，事实上多吃粗粮对人身体非常有好处，可以有效地降低糖尿病、肥胖症、高血压和心脑血管疾病的患病风险。

本书按照爽口冷菜、便捷热炒、营养大菜、汤羹炖品和瘦身主食加以细分和归类，介绍了一百五十余款取材容易、制作简便、营养合理的常备晚餐，对于一些晚餐菜肴中的关键过程，还配以多幅彩图加以分步详解，可以使您能够抓住重点、快速掌握。

下厨房，不只是为了填饱肚子的例行公事。再华美的外卖，也比不上在家用爱烹制的菜肴。无论是一个人、二个人还是一家人，都有好好做一顿晚餐的理由，让我们从制作晚餐开始，用心经营好每段关系，细细品尝家的味道。

目录
CONTENTS

第一章　爽口冷菜

第二章　便捷热炒

第三章　营养大菜

第四章　汤羹炖品

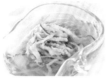

发菜豆腐汤 /155

蔬菜鱼丸汤 /156

猪肚海蜇汤 /158

清香鱼头汤 /160

酸辣鱼丝汤 /161

第五章　瘦身主食

胡萝卜蛤蜊粥 /164

皮蛋瘦肉粥 /166

八宝粥 /168

薏米红枣粥 /169

咖喱牛肉饭 /170

什锦炒饭 /172

香滑鸡肉饭 /174

茄香肉蛋饭 /175

素炒饼 /176

南瓜饼 /178

梅干菜包子 /180

家常汤包 /181

糊塌子 /182

羊肉泡馍 /184

辣白菜饼 /186

奶油发糕 /187

防暑三豆饮 /188

黑芝麻糊 /190

友情提示
1/2 小匙 ≈ 2.5 克	1 小匙 ≈ 5 克
1/2 大匙 ≈ 7.5 克	1 大匙 ≈ 15 克
1/2 杯 ≈ 125 毫升	1 大杯 ≈ 250 毫升

第一章

爽口冷菜

时蔬沙拉

生菜200克，黄瓜75克，樱桃番茄、黄椒、红椒各50克，芝麻少许

沙拉酱2大匙，精盐1小匙，白糖2大匙，白醋1大匙，香油2小匙

1 生菜洗净，去掉菜根，取生菜嫩叶，撕成块（图1）；黄瓜用淡盐水浸泡并刷洗干净，切成片（图2）。

2 樱桃番茄去蒂，洗净，沥水，切成两半（图3）；黄椒、红椒分别去蒂，掰成小块（图4）；芝麻放入热锅内煸炒至熟，取出，凉凉。

3 把生菜块、黄瓜片、樱桃番茄、黄椒块、红椒块放在容器内（图5），加入精盐、白醋和白糖拌匀。

4 放入冰箱内冷藏保鲜，食用时取出，淋上香油和沙拉酱（图6），撒上熟芝麻即可。

老虎菜

黄瓜1根，青尖椒2个，红椒1个，香菜少许

蒜末10克，精盐1小匙，香油、辣椒油各2小匙

1 香菜去根和老叶，洗净，切成小段（图1）；青尖椒去蒂，去籽，洗净，切成细丝（图2）。

黄瓜用清水洗净，擦净水分，放在案板上，先切成薄片
（图3），再切成细丝；红椒去蒂，去籽，洗净，切成丝
（图4）。

把加工好的黄瓜丝、红椒丝、青尖椒丝和香菜段放入大碗
中（图5），加入蒜末调拌均匀。

加入精盐、香油拌匀，淋上烧至八成热的辣椒油，用筷子
搅拌均匀（图6），装盘上桌即成。

炝拌荷兰豆

原料 调料

荷兰豆400克

花椒5克，精盐1小匙，
味精少许，白糖1/2小
匙，香油2小匙

1 荷兰豆去掉两头尖角，撕去豆筋，洗净，切成菱形小块，放入沸水锅内，加上少许精盐焯烫至熟，捞出，沥水，放入大碗中。

2 锅置火上，加入香油烧热，下入花椒，用小火煸炒至花椒颜色变黑，捞出花椒不用成花椒油。

3 将热花椒油浇在盛有荷兰豆的大碗中，加入精盐、味精和白糖拌匀，装盘上桌即可。

糟香番茄

原料　调料

樱桃番茄（黄色）1000
克，香菜末20克

葱丝5克，精盐、辣椒
油各2小匙，料酒6大
匙，白糖5小匙，香糟3
大匙

1 樱桃番茄去蒂，洗净，用细扦子在底部扎几个小孔；香糟放在容器内，倒入料酒拌匀并浸泡3小时，用纱布过滤取净香糟汁。

2 锅中加入清水烧沸，加入精盐、白糖煮沸，出锅，凉凉，倒入泡菜坛内。

3 把樱桃番茄放入泡菜坛内，加上香糟汁，封严坛口，腌泡10天，食用时取出樱桃番茄，撒上葱丝和香菜末，淋入辣椒油拌匀即可。

油麦菜卷

油麦菜500克，胡萝卜100克

精盐1小匙，芝麻酱、酱油各1大匙，白糖2小匙，生抽4小匙，香油1/2大匙

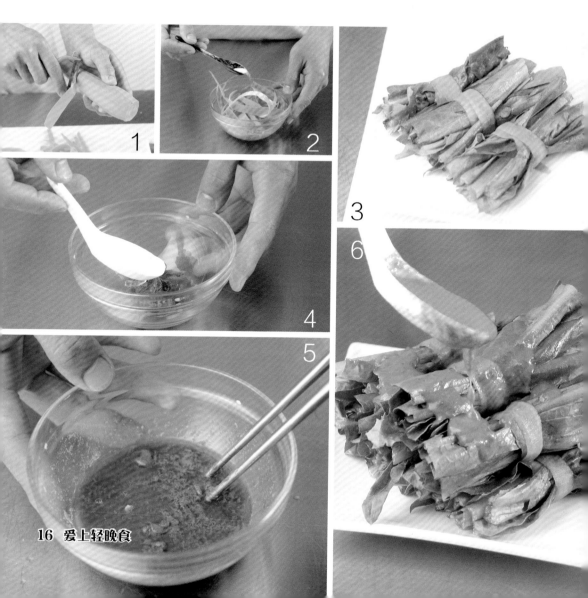

1

2

3

4

5

6

1 把油麦菜去掉菜根，清洗干净，沥净水分，切成两段；胡萝卜去皮，用刮皮刀刮成长条片（图1），放在容器内，加上精盐（图2），腌渍10分钟。

2 取一条胡萝卜片，摆上少许油麦菜段，卷起成油麦菜卷，码放在盘内（图3）。

3 芝麻酱放在小碗内，加上少许清水（图4），放入精盐、酱油、生抽、白糖和香油拌匀成酱汁（图5），淋在油麦菜卷上即可（图6）。

鲜辣茄条

茄子250克，青椒100克，小米椒50克，熟芝麻少许

蒜瓣25克，姜末10克，精盐1小匙，米醋、白糖、味精、香油2小匙，泡菜水2大匙

1 青椒洗净，去蒂，去籽，切成小条；小米椒洗净，去蒂，去籽，切成椒圈。

2 蒜瓣剥去外皮，剁成蒜末（图1）；茄子洗净，放在案板上，切去蒂（图2），削去外皮（图3），切成均匀的长条（图4），加上少许精盐拌匀，腌渍10分钟。

3 把茄条冲水，码放在盘内，撒上蒜末（图5），放入蒸锅内，用旺火、沸水蒸10分钟，取出。

4 碗内加入泡菜水、精盐、味精、少许蒜末、姜末、米醋、香油和白糖（图6），搅拌均匀成味汁，加入青椒条、米椒圈和熟芝麻，淋在茄条上即成。

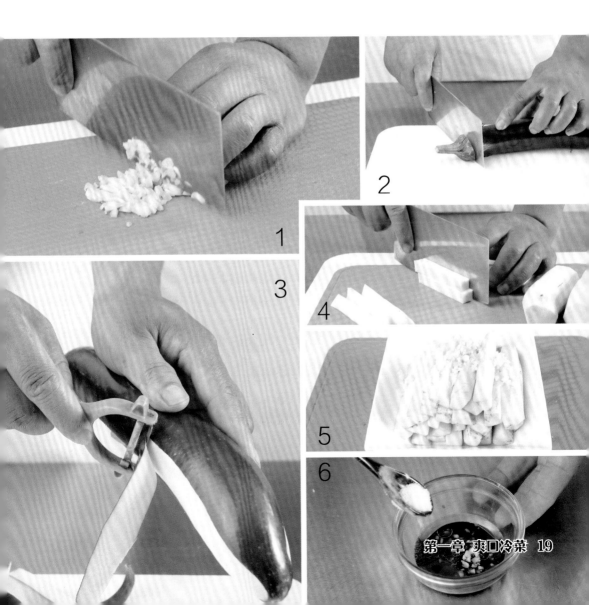

双色甘蓝

原料	调料

紫甘蓝、结球甘蓝各200克，海米25克

葱花、姜末各5克，花椒3克，精盐1小匙，味精少许，香油2小匙，植物油2大匙

1 紫甘蓝、结球甘蓝分别洗净，切去根部，切成细丝，加上精盐拌匀，腌渍10分钟，挤去水分；海米放入清水中泡发，捞出。

2 净锅置火上，加入植物油烧至五成热，下入花椒炸出香味，捞出花椒不用，放入葱花、姜末和海米煸炒出香味。

3 出锅，倒在容器内，加入精盐、味精、香油拌匀成味汁，放入紫甘蓝丝和结球甘蓝丝拌匀，装盘上桌即可。

莲藕蕨菜

原料　调料

鲜蕨菜200克，莲藕150克

蒜瓣10克，精盐1小匙，
鸡精、香油各1/2小匙，
清汤适量

1. 鲜蕨菜择洗干净，去掉根，切成小段，放入净锅内，加入清汤焖煮5分钟，捞出，沥水；蒜瓣去皮，剁成蒜末。

2. 莲藕去掉藕节，削去外皮，切成粗丝，放入沸水锅中焯烫至断生，捞出，沥水。

3. 将莲藕丝、蕨菜段放入容器中，加入蒜末、精盐、鸡精和香油调拌均匀，装盘上桌即可。

水晶南瓜肘

猪肘1个，南瓜半个

葱段、姜片各10克，香料包1个(花椒、八角、丁香、小茴香、桂皮、陈皮各5克)，精盐、料酒各1大匙

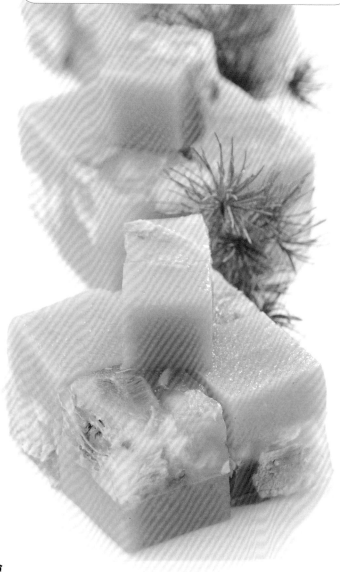

1 南瓜削去外皮（图1），去掉瓜瓤，切成小块（图2），放入蒸锅内蒸至熟（图3），取出，凉凉。

2 猪肘刮洗干净，放入冷水锅内，加入葱段、姜片，用旺火焯烫5分钟，捞出。

3 把猪肘放入净锅内，加入清水，放入香料包、精盐和料酒煮沸，撇去浮沫（图4），用中火煮至猪肘熟嫩，捞出。

4 熟猪肘剔去骨头（图5），取净肘肉，切成块；煮猪肘的原汤过滤，去掉杂质，加入猪肘肉块（图6），放入冰箱中冷藏凝固成水晶肘，切成小块，与熟南瓜块码盘即可。

话梅排骨

猪排骨500克，话梅40克，熟芝麻15克

大葱20克，姜块15克，八角3个，精盐2小匙，冰糖、白糖、料酒、生抽、植物油各适量

1 猪排骨洗净血污，擦净表面水分，剁成块（图1），放入冷水锅内（图2），烧沸后用旺火焯烫5分钟，捞出排骨块（图3），沥净水分。

2 话梅放在容器内，倒入适量的清水（图4），浸泡10分钟，取出；大葱择洗干净，切成段；姜块洗净，切成片。

3 锅内加上植物油烧热，放入葱段、姜片和八角炝锅，加上清水、排骨块和料酒（图5），用中火炖至熟，捞出。

4 净锅复置火上，加入清水、冰糖、白糖、生抽和精盐烧沸，倒入排骨块和话梅翻炒均匀（图6），撒上熟芝麻，出锅装盘即可。

肉丝四季豆

原料　调料

猪里脊肉、四季豆各200克，鸡腿菇75克，红椒25克

精盐2小匙，味精、白糖各1小匙，香油1/2大匙，植物油1大匙

1 四季豆撕去豆筋，洗净，斜切成细条；鸡腿菇洗净，切成小条；猪里脊肉切成细丝；红椒去蒂，切成丝。

2 净锅置火上，放入清水和少许精盐烧沸，下入四季豆条、鸡腿菇和红椒丝焯烫至熟，捞出。

3 锅内加入植物油烧热，下入猪肉丝炒至熟，出锅，放入容器内，加入四季豆条、鸡腿菇条和红椒丝稍拌，加入精盐、味精、白糖和香油拌匀，直接上桌即可。

熏香肉卷

原料　调料

猪肉末400克，干豆腐3张，茶叶10克

葱末、葱丝各10克，姜末5克，精盐2小匙，味精1小匙，白糖3大匙，淀粉100克，料酒、香油各1大匙

1 猪肉末放在大碗中，加上葱末、姜末、精盐、味精、淀粉、料酒和少许清水搅拌均匀成馅料，涂抹在干豆腐上，卷起，用棉绳扎牢成肉卷。

2 将肉卷放入蒸锅中，用旺火蒸25分钟至熟，取出，摆在算子上。

3 熏锅置火上，撒上白糖和茶叶，放上盛有肉卷的算子，盖严锅盖，用旺火熏3分钟，取出，刷上香油，切成大片，放在盘内，撒上葱丝即可。

拌腰花

猪腰400克，红尖椒25克，香葱15克

蒜瓣15克，精盐1小匙，酱油、米醋各1大匙，鸡精少许，香油、花椒油各2小匙

1 香葱去根，洗净，切成香葱花；蒜瓣去皮，剁成蒜末；红尖椒去蒂，去籽，切成椒圈（图1）。

1

2

3

6

4

5

2 猪腰剥去外膜，剖成两半，片去白色腰臊（图2），在内侧剞上十字花刀（图3），再把猪腰切成大块，用清水浸泡片刻，捞出。

3 把蒜末放在碗内，加入精盐、酱油、米醋、鸡精、香油、花椒油调拌均匀成味汁。

4 锅中加入清水烧沸，倒入猪腰块（图4），用旺火焯烫至熟嫩，捞出猪腰块，放入冷水中浸泡片刻（图5），捞出，沥水，码放在深盘内，撒上香葱花和红尖椒圈，淋上调好的味汁即成（图6）。

什锦拌肚丝

原料　调料

牛肚500克，胡萝卜50克，红尖椒30克

葱段、姜片各10克，蒜末15克，八角2个，精盐2小匙，味精1/2小匙，料酒1大匙，香油1小匙

1 胡萝卜去皮，切成细条；红尖椒洗净，去蒂；牛肚洗涤整理干净，放入沸水锅中焯烫一下，捞出，沥水，去除肚毛，再换清水冲洗干净。

2 把牛肚放入清水锅中，加入葱段、姜片、八角和料酒，用中火煮30分钟至熟，捞出牛肚，凉凉，切成丝。

3 熟牛肚丝放入盆中，加入红尖椒、胡萝卜、精盐、味精、蒜末和香油拌匀，装盘上桌即可。

酸辣毛肚

原料	调料

鲜毛肚400克，红椒25克

精盐、味精各1/2小匙，米醋、香油各2小匙，辣椒油2大匙

1. 鲜毛肚反复搓洗干净，切成大片，放入沸水锅中焯烫一下，待毛肚片略微卷缩后，快速捞出，放入冰水中浸凉，取出，沥净水分。

2. 红椒去蒂，洗净，切成小块；把精盐、米醋、味精、辣椒油、香油拌匀成酸辣味汁。

3. 将毛肚片、红椒块放在容器内，淋上酸辣味汁拌匀，直接上桌即可。

椒麻鸡

净三黄鸡1只，莴笋100克，木耳5克，青椒、红椒各少许

青花椒、蒜片、姜片各10克，香叶少许，干红辣椒、八角各5个，精盐、生抽各2小匙，植物油2大匙

1　木耳放在容器内，倒入清水（图1），浸泡15分钟至涨发，取出，去蒂，撕成小块；青椒、红椒洗净，切成丝。

2　莴笋洗净，削去外皮（图2），切成大片（图3），放入沸水锅内，加入少许精盐和水发木耳块焯烫一下（图4），一起捞出，沥水，放在深盘内。

3　净三黄鸡放入清水锅内，加入香叶、干红辣椒、八角和精盐（图5），用中火煮至熟，捞出三黄鸡，凉凉，撕成大块（图6），码放在莴笋片上面。

4　锅内加入植物油烧热，放入青花椒、姜片、蒜片煸香，加入生抽、精盐和少许煮三黄鸡的汤汁煮沸成椒麻味汁，离火，淋在三黄鸡块上，撒上青椒丝、红椒丝即可。

松花鸡肉卷

带皮鸡肉400克，松花蛋4个，鸡蛋2个

精盐2小匙，味精、胡椒粉、料酒、香油各1小匙，淀粉2大匙

1 鸡蛋磕入碗中搅匀，加入淀粉调匀成蛋粉糊；松花蛋剥去蛋壳（图1），上屉蒸5分钟，取出，切成小瓣。

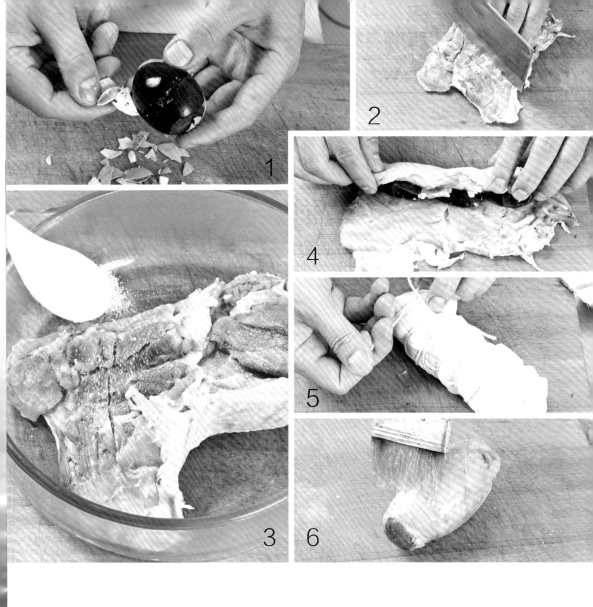

带皮鸡肉收拾干净，放在案板上，在内侧剖上十字花刀（图2），放在大碗里，加入味精、料酒、胡椒粉、香油和精盐拌匀（图3），腌渍10分钟。

取出带皮鸡肉，皮朝下放在案板上，一侧摆放上松花蛋（图4），卷起成筒状，用蛋粉糊封口，再用纱布裹在鸡肉松花蛋卷上，用细绳系住成松花鸡肉卷生坯（图5）。

把松花鸡肉卷生坯放入蒸锅内，用旺火蒸约30分钟至熟，取出，凉凉，去掉纱布，涂抹上香油（图6），切成圆片，码盘上桌即可。

西芹豆腐干

豆腐干200克，西芹100克，胡萝卜丝50克

精盐、味精、鸡精各1/2小匙，生抽、香油各1小匙，植物油1大匙

1 取小碗一个，放入生抽、香油、精盐、味精、鸡精拌匀成咸鲜味汁（图1）。

2 豆腐干先片成大片（图2），再切成丝，加上少许生抽、精盐和香油调拌均匀（图3），放入烧热的油锅内煸炒片刻（图4），出锅，凉凉。

3 西芹去根，撕去表面的老筋，先切成5厘米长的段，再切成粗丝（图5），与胡萝卜丝一起放入沸水锅中，加上少许精盐焯烫至断生，捞出，过凉，沥水。

4 西芹丝、豆腐干丝和胡萝卜丝放入容器中，加入咸鲜味汁拌匀（图6），装盘上桌即可。

擂椒松花蛋

松花蛋300克，青尖椒125克，小米椒25克，香葱、香菜各15克

蒜瓣25克，精盐1小匙，生抽、香油、植物油各1大匙

1 松花蛋洗净，放入蒸锅内蒸5分钟，取出，剥去蛋壳，切成小块（图1）。

2 香菜洗净，切去菜根，去掉老叶，切成小段（图2）；蒜瓣去皮，放在案板上，先用刀面压散（图3），再剁成蒜末；香葱择洗干净，切成香葱花（图4）；小米椒切碎。

3 青尖椒去蒂，去籽，放入热锅内，加入植物油，用小火煎至软（图5），取出，凉凉。

4 将加工好的松花蛋、青尖椒、小米椒碎、蒜末放入石臼中慢慢捣碎（图6），加入精盐、生抽和香油调好口味，直接上桌即可。

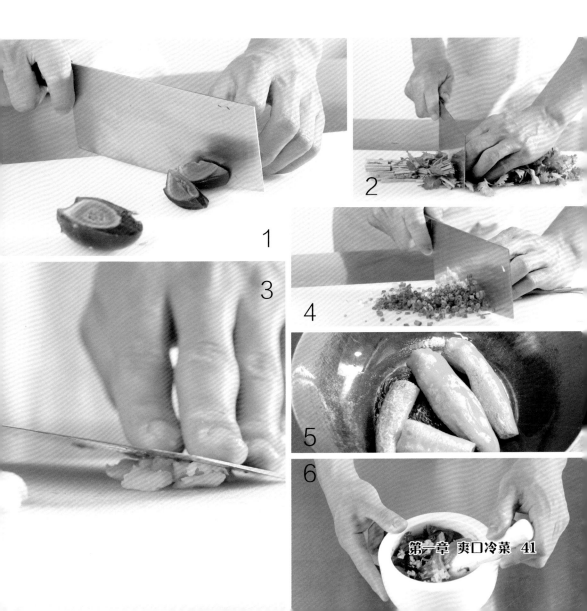

1

2

3

4

5

6

芹菜拌腐竹

原料　调料

水发腐竹300克，芹菜
100克，红辣椒25克

姜末5克，精盐、味精
各1小匙，辣椒油、香
油各1大匙

1 水发腐竹攥净水分，切成4厘米长的小段，放入
沸水锅中焯烫一下，捞出水发腐竹，过凉，沥净
水分；红辣椒去蒂，去籽，切成细条。

2 芹菜洗净，去根和叶，取嫩芹菜茎，切成5厘米
长的小段，放入沸水锅中，加上少许精盐焯烫一
下，捞出，沥水。

3 腐竹段、芹菜段、红椒条加上姜末、精盐、味
精、辣椒油、香油调拌均匀，装盘上桌即可。

兰花豆腐干

原料　调料

豆腐干500克

香叶3片，草果1个，精盐、味精各1小匙，酱油1大匙，腐乳汁2小匙，清汤250克，植物油适量

1. 在豆腐干表面剖上浅十字花刀，放入烧至六成热的油锅内炸至上色，捞出，沥油。

2. 锅置火上烧热，加入少许植物油烧至六成热，下入草果和香叶煸炒，加入清汤、精盐、酱油、味精、腐乳汁煮5分钟成酱汁。

3. 酱汁锅内放入炸好的豆腐干，用小火酱至豆腐干入味，改用旺火收浓汤汁，离火，凉凉，切成小块，装盘上桌即可。

香熏大虾

大虾500克，大米75克，茶叶10克

大葱50克，花椒5克，精盐、料酒各2小匙，香油、白糖各1大匙，植物油适量

1. 茶叶放在茶杯内，倒入沸水稍泡（图1），滗去茶水，加入白糖拌匀；大葱去根和老叶，洗净，取一半切成小段，另外一半大葱切成丝（图2）。

2. 大虾去掉虾须，从背部剖开，去除虾线，放在大碗中，加入精盐、葱段、花椒和料酒（图3），腌渍15分钟，放入烧热的油锅内炸上颜色，捞出，沥油（图4）。

3. 取铁锅一个，撒上一层大米，再放入白糖和茶叶（图5），架上铁箅子，铺上一层葱丝，放上大虾（图6）。

4. 盖严锅盖，用小火熏至大虾表面呈棕红色，关火，取出大虾，刷上香油即可。

生卤虾

青虾750克，胡萝卜50克，青椒、香菜、芹菜各25克，海米、干贝、鱿鱼干各5克

葱段、姜片各10克，精盐少许，美极鲜酱油、海鲜酱油各1小瓶，老抽、生抽、玫瑰露酒各适量

1 青虾剪去虾须，从背部片开（图1），去掉虾线，放在容器内，加上清水和精盐浸泡几分钟（图2）；青椒、胡萝卜分别洗净，均切成小片（图3）。

2 香菜、芹菜分别去根和叶，切成小段；鱿鱼干、海米、干贝用清水泡软，上屉（图4），用旺火蒸至熟，取出，把鱿鱼干切成碎末；干贝撕成细丝。

3 锅中加入清水、葱段、姜片、青椒、胡萝卜、香菜和芹菜煮10分钟（图5），出锅，滤除杂料成清汤，放入鱿鱼末、海米和干贝丝拌匀（图6）。

4 再加入美极鲜酱油、海鲜酱油、老抽、生抽、玫瑰露酒和青虾拌匀，浸泡24小时至入味即可。

芥末三文鱼

原料　调料

三文鱼1块（约350克），柠檬1/2个

绿芥末2小匙，酱油1/2大匙，米醋1大匙，白糖、香油各1小匙

1 把三文鱼收拾干净，去掉鱼皮，切成厚片（不能太薄），码放在垫有碎冰的盘内。

2 将绿芥末放在小碗内，加上酱油、米醋、白糖和香油拌匀成芥末味汁。

3 柠檬洗净，挤出柠檬汁，淋在三文鱼片上，带芥末味汁一起上桌即可。

温拌蜇头蛏子

原料　调料

净蛏肉、水发蜇头丝各150克，黄瓜丝、豆皮丝、水发木耳丝、红椒圈各20克，香菜段10克

葱丝、姜丝、蒜片各15克，精盐、味精、白糖、蚝油、酱油、生抽、植物油、香油各适量

1 锅中加入植物油烧热，下入葱丝、姜丝、蒜片、红椒圈炒香，加入精盐、味精、白糖、酱油、蚝油、生抽烧沸成味汁，倒入小碗中。

2 净锅置火上，加入清水和少许精盐烧沸，放入净蛏肉、水发蜇头丝、豆皮丝、水发木耳丝焯烫一下，捞出，沥水。

3 加上黄瓜丝，倒入味汁拌匀，撒上香菜段，淋入香油，装盘上桌即可。

第二章

便捷热炒

荷塘小炒

荷兰豆、莲藕各150克，
胡萝卜100克，木耳10克

蒜瓣15克，大葱10克，
精盐1小匙，水淀粉2小
匙，香油、植物油各适量

1 莲藕洗净，去掉藕节，削去外皮，切成大片（图1）；荷兰豆洗净，撕去豆筋（图2）；大葱去根和老叶，切成葱花。

2 胡萝卜洗净，削去外皮，去掉菜根，切成片；木耳放在碗内，加入温水浸泡至涨发，撕成小块；蒜瓣去皮、拍碎。

3 净锅置火上，加入清水和少许精盐烧沸，放入水发木耳块和莲藕片稍烫（图3），再倒入荷兰豆、胡萝卜片焯烫1分钟，一起捞出（图4），沥净水分。

4 锅内加入植物油烧至五成热，放入蒜瓣炝锅出香味，加入莲藕片、荷兰豆、胡萝卜片、木耳块、葱花、精盐翻炒均匀（图5），用水淀粉勾芡（图6），淋上香油即成。

秋葵炒虾仁

虾仁250克，秋葵150克，红椒50克

姜片10克，精盐1小匙，料酒4小匙，胡椒粉1/2小匙，水淀粉2小匙，植物油2大匙，花椒油少许

1 虾仁从背部片开，去掉虾线，放在碗内，加入少许精盐、料酒、水淀粉和植物油拌匀，放入沸水锅内，快速焯烫至变色（图1），捞出，沥水。

2 秋葵刮洗干净，去掉蒂（图2），切成小块（图3）；红椒去蒂，去籽，洗净，也切成小块。

3 炒锅置火上，倒入清水和少许精盐煮沸，倒入秋葵块和红椒块焯烫一下，捞出，沥水（图4）。

4 净锅置火上，加入植物油烧至五成热，放入姜片炝锅出香味（图5），倒入虾仁、秋葵块和红椒块，加入胡椒粉和精盐炒匀（图6），用水淀粉勾薄芡，淋上花椒油即可。

家常五彩

原料　调料

茭白200克，青椒、红椒、鲜香菇、冬笋各50克

葱末、姜末各5克，料酒2大匙，精盐、胡椒粉、香油各少许，酱油1小匙，白糖、水淀粉各2小匙，植物油适量

1　茭白去根和外皮，切成小条；青椒、红椒去蒂和籽，也切成小条；鲜香菇洗净，表面剞上花刀（或切成条）；冬笋去根，洗净，切成小条。

2　净锅置火上，加入植物油烧热，放入冬笋条、茭白条和香菇炸2分钟，捞出，沥油。

3　锅内留少许底油烧热，下入葱末、姜末炒香，放入精盐、白糖、酱油、料酒和胡椒粉烧沸，加上茭白条、香菇、冬笋条、青椒条和红椒条炒匀，用水淀粉勾薄芡，淋上香油即可。

蕨菜鸡丝

原料　调料

蕨菜300克，鸡胸肉150克，春笋50克，红辣椒15克，鸡蛋清1个

葱丝、姜丝各15克，精盐、白糖、料酒、香油各1小匙，淀粉1/2大匙，植物油2大匙

1. 蕨菜择洗干净，切成小段；春笋去壳，洗净，切成细丝；红辣椒洗净，去蒂及籽，切成细丝。

2. 鸡胸肉洗净，切成细丝，放入大碗中，加入少许精盐、鸡蛋清、料酒和淀粉拌匀上浆。

3. 锅内加上植物油烧热，下入鸡肉丝炒至变色，放入葱丝、姜丝、辣椒丝、料酒、精盐和白糖，加入春笋丝和蕨菜段翻炒至熟，淋入香油即可。

蒜香荷兰豆

荷兰豆400克，胡萝卜25克

蒜瓣25克，葱花5克，精盐1小匙，味精、鸡精各1/2小匙，白糖、水淀粉、香油各少许，植物油2大匙

1

2

3

5

6

1 蒜瓣剥去外皮，放在案板上，用刀面按压一下（图1），再剁成蒜末。

2 胡萝卜洗净，去掉根，削去外皮，切成花片（图2），放入沸水锅内，加上少许精盐焯烫一下，捞出，沥水。

3 荷兰豆洗净，撕去豆筋（图3），倒入沸水锅内，加上少许精盐和植物油焯烫一下，捞出（图4），沥水。

4 净锅置火上，加入植物油烧热，下入蒜末炒香（图5），放入荷兰豆炒匀（图6），加入精盐、味精、鸡精和白糖调好口味，加入葱花和胡萝卜片，用水淀粉勾芡，淋上香油，出锅上桌即可。

杏鲍菇肉片

杏鲍菇250克，猪里脊肉100克，杭椒、小米椒各25克，鸡蛋清少许

蒜瓣10克，姜块5克，生抽2小匙，蚝油1大匙，白糖1小匙，淀粉4小匙，水淀粉、植物油各适量

1 杭椒、小米椒分别洗净，去蒂，切成椒圈；姜块洗净，去皮，切成小片；蒜瓣去皮，洗净，切成片。

2 杏鲍菇用淡盐水浸泡10分钟，取出，先切成5厘米长的段（图1），再切成片（图2），放入沸水锅内焯烫2分钟，捞出，沥水。

3 猪里脊肉去掉筋膜，切成大片，加上淀粉、鸡蛋清拌匀上浆（图3），倒入烧至五成热的油锅内冲炸一下，捞出，沥油（图4）。

4 锅内留少许底油烧热，下入蒜片、姜片、杭椒和小米椒炒香（图5），加入杏鲍菇片、猪肉片、生抽、白糖和蚝油，用旺火翻炒均匀，用水淀粉勾芡（图6），出锅装盘即可。

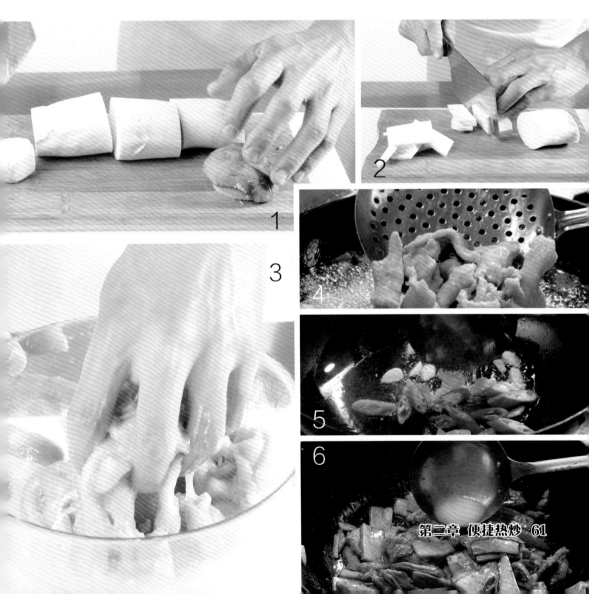

蓝花金菇

原料　调料

金针菇200克，西蓝花150克，洋葱25克

精盐1小匙，白糖少许，生抽、水淀粉、料酒、清汤、香油、植物油各适量

1. 将西蓝花洗净，掰成小朵，放入沸水锅中焯烫一下，捞出，沥水；金针菇洗净，沥水，去掉根；洋葱洗净，切成碎粒。

2. 净锅置火上，加上植物油烧至六成热，加入洋葱碎炒出香味，下入金针菇和西蓝花瓣炒匀。

3. 加入清汤、精盐、白糖、料酒和生抽烧沸，用水淀粉勾芡，淋入香油，出锅上桌即可。

肉碎猴头菇

原料　调料

水发猴头菇250克，猪五花肉75克，黄瓜、胡萝卜各50克

精盐、鸡精各2小匙，胡椒粉、香油各1小匙，料酒、水淀粉、植物油各1大匙

1 胡萝卜去皮，洗净，切成片；黄瓜洗净，切成片；水发猴头菇攥净水分，切成片；猪五花肉切成碎粒，放入小碗中，加入料酒拌匀。

2 净锅置火上，加入植物油烧至六成热，下入猪肉碎粒煸炒至变色，倒入猴头菇片炒香。

3 加入胡萝卜片和黄瓜片炒至熟，放入精盐、鸡精和胡椒粉炒至入味，用水淀粉勾薄芡，淋上香油，出锅装盘即可。

醋熘木须

猪里脊肉200克，黄瓜100克，胡萝卜50克，水发木耳25克，净枸杞子少许，鸡蛋2个

葱花10克，姜末5克，精盐1小匙，酱油、料酒、米醋各1大匙，香油少许，淀粉、植物油各适量

1 鸡蛋磕在碗里，加上少许精盐拌匀成鸡蛋液（图1）；猪里脊肉切成片，放在容器内，加上少许鸡蛋液、精盐和淀粉拌匀（图2），放入热油锅内滑至熟，捞出（图3）。

2 净锅置火上，加入少许植物油烧至六成热，倒入搅拌好的鸡蛋液，用中火炒至熟（图4），取出。

3 黄瓜洗净，切成大小均匀的菱形片；胡萝卜去皮，洗净，也切成菱形片；水发木耳去蒂，撕成小块。

4 净锅置火上，加入植物油烧热，放入葱花、姜末炝锅出香味（图5），加入胡萝卜片、黄瓜片、水发木耳块、猪肉片、熟鸡蛋炒匀（图6），放入精盐、酱油、料酒和米醋调好口味，撒上净枸杞子，淋上香油，出锅上桌即可。

滑熘肉片

猪里脊肉250克，胡萝卜、黄瓜各75克，水发木耳15克

姜块、蒜瓣各5克，精盐1小匙，料酒、白糖、生抽、水淀粉各2小匙，植物油适量

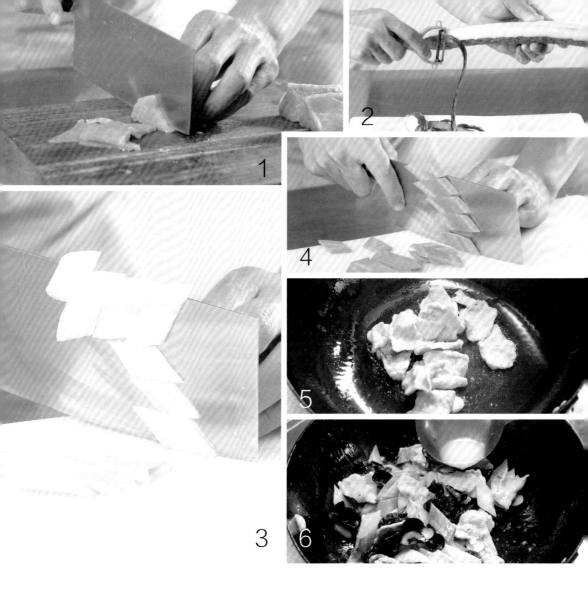

1 猪里脊肉去掉筋膜，切成大片（图1），加上少许精盐和料酒拌匀；水发木耳去蒂，撕成小块。

2 黄瓜洗净，削去外皮（图2），切成菱形片（图3）；胡萝卜去皮，也切成菱形片（图4）；姜块去皮，切成小片；蒜瓣去皮，切成片。

3 净锅置火上，加入植物油烧至六成热，放入姜片、蒜片炝锅，加入猪肉片煸炒至变色（图5）。

4 加入黄瓜片、胡萝卜片、水发木耳块炒匀，烹入料酒，放入白糖、精盐、生抽炒匀，用水淀粉勾薄芡（图6），出锅装盘即可。

熘肉段

原料　调料

猪瘦肉300克，青椒、红椒各25克，鸡蛋1个

葱花、姜末各5克，精盐、味精、鸡精各1/2小匙，白糖、米醋、料酒、酱油各1大匙，淀粉、清汤、植物油各适量

1 猪瘦肉洗净，切成小条，放在大碗内，磕入鸡蛋，加入淀粉、精盐、鸡精拌匀，放入烧热的油锅内炸成金黄色，捞出，沥油。

2 青椒、红椒分别去蒂，去籽，切成细条；把清汤、酱油、米醋、白糖、味精、淀粉放在小碗内，调拌均匀成味汁。

3 锅置火上，加入少许植物油烧热，下入葱花、姜末炒香，烹入料酒，放入青椒条、红椒条和猪肉条略炒，倒入味汁，用旺火翻炒均匀即成。

双豆排骨

原料　调料

猪排骨400克，豌豆粒、熟芸豆各50克，小白菜30克

姜末5克，精盐、白糖、酱油各1小匙，胡椒粉1/2小匙，香油、鱼露、水淀粉、植物油各适量

1. 猪排骨洗净血污，剁成块，加上少许精盐和酱油拌匀，放入烧热的油锅内炸至熟，捞出；豌豆粒、熟芸豆、小白菜分别择洗干净。

2. 净锅置火上，加入植物油烧热，下入姜末炒香，放入排骨块炒匀。

3. 放入豌豆粒、熟芸豆和小白菜稍炒，加入精盐、白糖、胡椒粉、鱼露和酱油调好口味，用水淀粉勾芡，淋上香油，出锅上桌即可。

家常肚丝

猪肚1个，香菜、冬笋各75克，小米椒少许

大葱、姜块各25克，蒜片10克，干红辣椒5克，花椒、食用碱各少许，精盐、味精、姜汁、胡椒粉各1小匙，米醋3大匙，料酒、植物油各2大匙

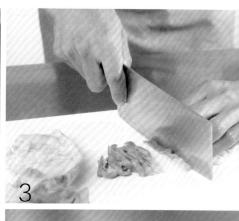

1. 取一半大葱和姜块，分别切成葱段和姜片；剩余大葱和姜块分别切成丝；小米椒切成椒圈；猪肚加上食用碱和米醋，反复搓洗干净，放入沸水锅内焯烫一下，捞出（图1）。

2. 猪肚放入清水锅内，加入葱段、姜片、料酒、花椒、干红辣椒（图2），用旺火煮沸，改用小火煮至熟，捞出猪肚，凉凉，切成粗丝（图3）；香菜洗净，切成段；冬笋切成丝。

3. 锅中加上植物油烧热，下入葱丝、姜丝、小米椒圈和蒜片炝锅，放入熟肚丝炒匀（图4），加入笋丝翻炒均匀（图5）。

4. 加入精盐、姜汁、味精、米醋和胡椒粉调好口味，放入香菜段（图6），用旺火快速翻炒均匀，装盘上桌即可。

椒香牛柳

牛里脊肉400克，杭椒75克，香葱25克，鸡蛋1个

干红辣椒15克，精盐1小匙，生抽1大匙，料酒4小匙，米醋、淀粉各少许，植物油适量

1 牛里脊肉去掉筋膜，切成小条（图1），放入碗中，磕入鸡蛋，加入少许精盐、生抽和淀粉搅拌均匀（图2），放入热油锅内炸至变色，捞出，沥油（图3）。

2 干红辣椒去蒂；杭椒洗净，去蒂（图4），放入油锅内冲炸一下，捞出（图5）；香葱择洗干净，切成小段。

3 净锅置火上，加入植物油烧热，加入干红辣椒段和杭椒，用旺火炒出香辣味，放入牛肉条翻炒均匀（图6）。

4 加入精盐、料酒、生抽和米醋，撒入香葱段炒匀，装盘上桌即可。

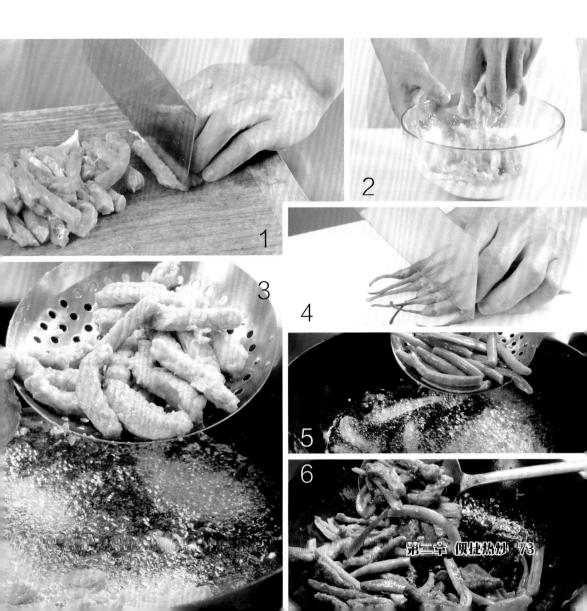

泡椒炒肝

原料　调料

羊肝350克，蒜苗50克，泡椒25克

姜末5克，精盐1小匙，料酒1大匙，味精、胡椒粉、香油各少许，水淀粉、植物油各适量

1 泡椒去蒂，切成两半；蒜苗洗净，切成小段；羊肝剔去筋膜，切成薄片，放入沸水锅内，加入料酒焯烫至变色，捞出，沥水。

2 炒锅置火上，加上植物油烧至六成热，下入姜末、泡椒炒出香辣味，烹入料酒，放入羊肝片、蒜苗段炒至断生。

3 加入精盐、味精、胡椒粉翻炒至入味，用水淀粉勾薄芡，淋入香油，出锅上桌即可。

家常牛肉丝 🦐🫑🧄🍅🥢

原料　调料

牛里脊肉400克，芹菜
100克，鸡蛋1个

干红辣椒、姜块各10
克，鸡精、米醋各1/2
小匙，白糖少许，酱
油、辣椒酱、料酒、淀
粉、水淀粉、香油、植
物油各适量

1. 干红辣椒洗净，泡软，切成丝；姜块去皮，切成丝；芹菜去根和叶，切成丝；料酒、香油、水淀粉、鸡精、米醋、白糖放在碗内调成味汁。

2. 牛里脊肉切成细丝，放在容器内，磕入鸡蛋，加入酱油、淀粉和少许植物油拌匀上浆，下入烧至五成热的油锅中滑至熟嫩，捞出，沥油。

3. 锅中留少许底油烧热，下入红辣椒丝、姜丝、辣椒酱炒香，放入芹菜丝、牛肉丝炒匀，烹入味汁，用旺火快速翻炒均匀，出锅装盘即可。

干锅鸭

鸭腿400克，洋葱、青椒各1个，香菜段少许

葱花、蒜瓣、姜片各10克，干红辣椒20克，精盐少许，豆瓣酱2大匙，蚝油、生抽、白糖、植物油各适量

1 鸭腿收拾干净，先剁成长条（图1），再剁成大小均匀的块（图2）；洋葱剥去外皮，切成细丝，放在干锅内垫底；蒜瓣去皮，洗净，拍散；青椒去蒂，切成小块。

2 净锅置火上，倒入清水，放入精盐和鸭腿块（图3），用旺火焯烫3分钟，捞出鸭腿块，换清水漂洗干净，沥净水分。

3 锅内加入植物油烧热，放入葱花、姜片炝锅（图4），加入豆瓣酱、蒜瓣、干红辣椒炒出香辣味（图5）。

4 放入鸭腿块炒匀，撒上青椒块，加入白糖、生抽、蚝油调好口味（图6），离火，倒在盛有洋葱丝的干锅内，撒上香菜段，直接上桌即成。

小炒脱骨鸡

鸡腿400克，杭椒、小米椒各50克，熟芝麻少许

姜末、蒜瓣各10克，精盐、白糖各少许，生抽、水淀粉、香油、植物油各适量

1 杭椒洗净，去蒂，切成丁（图1）；小米椒洗净，去蒂，也切成丁（图2）；蒜瓣去皮，用刀背拍散。

鸡腿剔去骨头，洗净血污，擦净水分，放在案板上，先剁成长条，再切成2厘米大小的块（图3），加入少许精盐和生抽拌匀。

炒锅置火上，倒入植物油烧热，加入鸡腿块（图4），用中火炸至鸡腿块断生，捞出，沥油。

净锅复置火上，加入少许植物油烧热，加入蒜瓣和姜末炝锅，加入鸡腿块稍炒（图5），加入精盐、白糖、生抽调好口味，放入杭椒丁、小米椒丁炒匀（图6），用水淀粉勾芡，淋上香油，撒上熟芝麻即成。

鸡里蹦

原料　调料

鸡胸肉300克，虾仁、胡萝卜丁各50克，玉米粒、豌豆粒各少许，鸡蛋清1个

葱末、姜末各少许，精盐、鸡精各1小匙，料酒1大匙，水淀粉2大匙，植物油适量

1 虾仁去除虾线，鸡胸肉切成丁，全部放在大碗内，加入鸡蛋清、水淀粉拌匀上浆，放入热油锅内滑散至熟，捞出，沥油。

2 把玉米粒、豌豆粒、胡萝卜丁放入沸水锅内焯烫一下，捞出，沥水；精盐、料酒、水淀粉、鸡精放在小碗内，调匀成味汁。

3 锅内加入植物油烧热，下入葱末、姜末炒香，放入鸡肉丁、虾仁、玉米粒、豌豆粒、胡萝卜丁炒匀，烹入味汁炒至入味，出锅上桌即可。

蒜苗鸡肫

原料　调料

鸡肫300克，青蒜苗
150克

干红辣椒10克，精盐、
酱油各1小匙，味精、
鸡精2小匙，豆瓣酱、
料酒各1大匙，植物油
适量

1　青蒜苗择洗干净，切成段；鸡肫去除外皮，洗净，在内侧剖上浅十字花刀，再切成片，放入热油锅内滑散至熟，捞出，沥油。

2　锅内留少许底油，复置火上烧热，下入豆瓣酱、干红辣椒炒出香辣味，烹入料酒，加入青蒜苗段和鸡肫片炒匀。

3　放入精盐、味精、鸡精和酱油，用旺火快速翻炒均匀，出锅装盘即可。

豆芽炒粉条

黄豆芽300克，韭菜75克，粉条40克

干红辣椒5克，大葱、蒜瓣各10克，精盐、白糖、香油各1小匙，酱油2小匙，清汤、植物油各适量

1 韭菜去根和老叶，洗净，切成小段（图1）；黄豆芽淘洗干净，放入清水锅内煮2分钟，捞出，沥水（图2）。

2 粉条用温水浸泡至涨发，放入沸水锅内焯煮一下，捞出粉条，沥水（图3）；干红辣椒去蒂，切成小段；蒜瓣去皮，切成小片；大葱洗净，切成葱花。

3 净锅置火上，放入植物油烧至六成热，下入干红辣椒段、蒜片和葱花炝锅（图4），倒入焯煮好的黄豆芽炒匀（图5）。

4 加入精盐、酱油、白糖、清汤烧沸，加入水发粉条，用小火炒3分钟，撒上韭菜段炒匀（图6），淋上香油即成。

芙蓉海肠

海肠400克，韭菜100克，红椒25克，鸡蛋3个

蒜末10克，精盐1小匙，米醋、料酒各少许，花椒油1/2大匙，植物油2大匙

1 韭菜洗净，去掉菜根，切成小段；红椒去蒂，去籽，洗净，切成小条（或切成丁）。

用剪刀把海肠的两端剪掉（图1），挤出内脏（图2），放在容器内，加入少许精盐和米醋，反复揉搓以去掉杂质和黏液，再用清水洗净，沥水，剪成小段（图3），放入沸水锅内汆烫一下，捞出，沥水。

鸡蛋磕开，把鸡蛋黄、鸡蛋清分盛在两个小碗内（图4），分别加入少许精盐拌匀，分别倒入烧热的油锅内炒至熟嫩（图5），取出熟鸡蛋清、熟鸡蛋黄。

锅内加入植物油烧热，下入蒜末炝锅，倒入海肠段、红椒条和韭菜段（图6），烹入料酒，加入熟鸡蛋清、熟鸡蛋黄和精盐炒匀，淋上花椒油，出锅装盘即可。

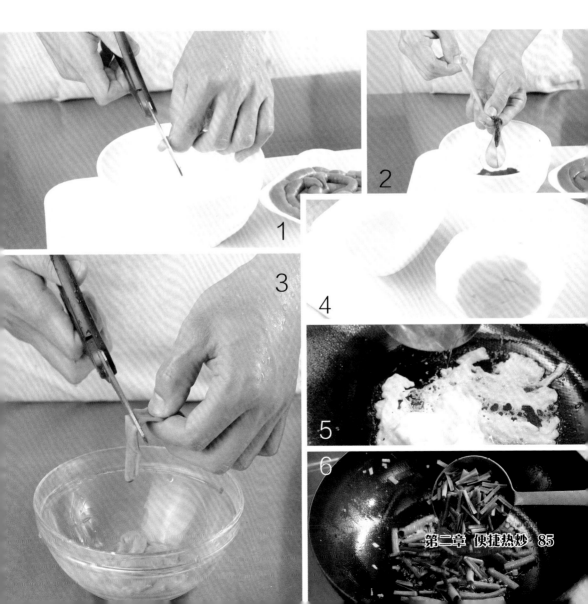

茶香虾

原料　调料

大虾500克，乌龙茶叶
25克

精盐少许，料酒、蜂蜜
各1大匙，冰糖1小匙，
植物油适量

1 大虾洗净，剪去虾须，去掉虾线，加上精盐和料
酒拌匀；乌龙茶叶用沸水泡开，放入大虾浸泡
10分钟，捞出大虾和乌龙茶叶，沥水。

2 净锅置火上，加入植物油烧至八成热，下入乌龙
茶叶炸至酥，捞出；油锅内再放入大虾炸至酥
香，捞出，沥油。

3 净锅复置火上，加入少许清水、蜂蜜和冰糖炒至
黏稠，放入大虾、乌龙茶叶翻炒均匀即可。

酱爆墨鱼卷

原料　调料

净墨鱼肉400克，香葱、红尖椒各15克

葱花、蒜片、姜末、精盐、味精、黄豆酱、料酒、香油、水淀粉、清汤、植物油各适量

1 净墨鱼肉内侧剞上十字花刀，切成块，放入沸水锅中焯烫成墨鱼卷，捞出，沥水；香葱洗净，切成小段；红尖椒收拾干净，切成丝。

2 净锅置火上，加入植物油烧至六成热，下入葱花、姜末和蒜片炒香，烹入料酒，加入黄豆酱、精盐和味精炒匀。

3 添入清汤烧沸，用水淀粉勾芡，放入墨鱼卷、红尖椒丝、香葱段翻炒均匀，淋入香油即可。

芥蓝海鲜

虾仁200克，芥蓝125克，北极贝75克

大葱10克，蒜瓣15克，精盐1小匙，料酒2小匙，胡椒粉少许，植物油、香油各适量

1 虾仁从背部片开，去掉虾线；北极贝自然解冻，切开成两半（图1），去掉内脏等杂质（图2），再用清水洗净。

2 芥蓝洗净，去掉菜叶，削去老皮（图3），切成菱形小段；蒜瓣去皮，剁成蒜末；大葱去根和老叶，切成葱花。

3 净锅置火上，加入清水、少许精盐和植物油烧沸，倒入芥蓝段、虾仁和北极贝焯烫一下，捞出芥蓝段、虾仁和北极贝（图4），沥净水分。

4 净锅置火上，倒入植物油烧热，加入葱花、蒜末炝锅出香味，倒入芥蓝段、虾仁和北极贝炒匀（图5），放入精盐、料酒、胡椒粉调好口味（图6），淋上香油即成。

香辣虾

虾仁400克，花生米50克

大葱25克，干红辣椒15克，蒜瓣、姜块各10克，精盐、味精、鸡精各1/2小匙，白糖1小匙，豆瓣酱1大匙，淀粉、植物油各适量

1 大葱取葱白部分，切成小段（图1）；花生米放入温热油锅
内冲炸至酥熟，捞出，沥油（图2）；干红辣椒去蒂，切成
小段；蒜瓣去皮，切成片；姜块洗净，切成片。

2 虾仁去掉虾线，攥净水分，加上少许精盐和淀粉拌匀，放
入烧至五成热的油锅内（图3），慢慢炸至变色，倒入葱白
段冲炸一下，一起捞出（图4），沥油。

3 锅内留少许底油烧热，下入干红辣椒段、蒜片和姜片炝锅
出香味（图5），加入葱白段和虾仁炒匀。

4 加入豆瓣酱、精盐、味精、鸡精、白糖和少许清水炒至入
味，放入花生米（图6），装盘上桌即可。

第三章

营养大菜

粉蒸排骨

猪排骨500克，糯米75克，红椒、香葱各少许

葱花15克，姜块10克，豆瓣酱1大匙，酱油、蚝油各2小匙，花椒粉、白糖、味精、香油、辣椒油各1小匙

1　糯米放在容器内，加入清水浸泡6小时（图1），取出，放在捣蒜器内捣成碎粒（图2）；红椒去蒂，去籽，切成小粒；香葱择洗干净，切成香葱花；姜块切成小粒。

2　猪排骨洗净血污，擦净水分，剁成大小均匀的块（图3），放在容器内，加入葱花、姜粒、酱油、豆瓣酱、蚝油、花椒粉、白糖、味精和香油拌匀（图4）。

3　放入加工好的糯米碎粒，用手充分抓搓均匀，使排骨块均匀地裹匀糯米碎粒（图5）。

4　取小蒸笼，垫上一层油纸，摆上加工好的排骨块（图6），盖上笼屉盖，放入蒸锅内，用旺火蒸至熟，取出，撒上红椒粒和香葱花，淋上少许烧热的香油和辣椒油即可。

鲜辣羊肉片

羊肉片300克，金针菇200克，黄瓜100克，小米椒25克，枸杞子、香葱各10克

葱花、姜片、蒜片各10克，花椒5克，精盐、生抽、豆瓣酱、植物油各适量

1 黄瓜刷洗干净，擦净水分，切成细丝，码放在深盘内垫底；小米椒洗净，切成椒圈；香葱洗净，切成香葱花。

2 金针菇去根，撕成小条（图1），放入清水锅内焯烫至熟，捞出金针菇，沥水，码放在盛有黄瓜丝的深盘内（图2）；羊肉片倒入清水锅内焯烫一下（图3），捞出。

3 净锅置火上，加入植物油烧至六成热，加入葱花、姜片、蒜片煸炒出香味，加入豆瓣酱炒散（图4），加入花椒、清水、生抽、精盐煮至沸，捞出锅内残渣（图5）。

4 倒入羊肉片（图6），用中火煮2分钟，出锅，倒在金针菇上面，撒上米椒圈、枸杞子和香葱花即可。

香辣美容蹄

原料　调料

猪蹄2个，莲藕50克，熟芝麻少许

葱花、姜片各10克，蒜片15克，精盐1小匙，料酒、酱油各1大匙，香油2小匙，火锅调料1大块，植物油2大匙

1 猪蹄洗净，剁成大块，放入沸水锅中焯烫一下，捞出，沥水；莲藕削去外皮，去掉藕节，洗净，切成片。

2 净锅置火上，加入植物油烧热，下入葱花、姜片、蒜片煸炒出香味，加入清水、精盐、火锅调料、料酒和酱油烧沸。

3 放入猪蹄块，用小火烧焖1小时至猪蹄块刚熟，加入莲藕片，继续用小火烧25分钟至入味，离火，淋上香油，撒上熟芝麻即可。

酥香肘子

原料　调料

猪肘子1个(约1500克)，
鸡蛋2个

葱段、葱丝各25克，姜
片15克，精盐、味精各
少许，甜面酱2大匙，
酱油、料酒各3大匙，
淀粉、植物油各适量

1. 猪肘子刮洗干净，放入清水锅内，加上葱段、姜片、料酒、酱油、精盐煮沸，用中小火煮至猪肘子熟透，取出，凉凉，剔去肘骨。

2. 鸡蛋磕在大碗内，加入少许精盐、料酒、酱油和淀粉调匀成蛋糊，放入熟猪肘挂匀蛋糊。

3. 净锅置火上，加入植物油烧至六成热，放入猪肘子炸至色泽金黄，外皮酥脆，捞出，沥油，切成条块，摆入盘中，跟葱丝、甜面酱上桌即可。

南瓜鸡块

净鸡腿400克，小南瓜1个，青豆、青椒块、红椒块各25克

葱段、姜片各10克，精盐、沙姜粉、料酒、酱油各、植物油各适量

1 小南瓜洗净，先从上面1/5处下刀，切开成南瓜盖，再把南瓜挖去瓜瓤（图1），洗净成南瓜盅。

2 净鸡腿洗净血污，沥净水分，放在案板上，剁成大小均匀的块（图2），倒入冷水锅内（图3），加上葱段、姜片和料酒焯烫5分钟，捞出（图4），换清水冲净，沥净水分。

3 净锅置火上，加入植物油烧至六成热，放入姜片炝锅，加入鸡块和青豆炒匀（图5），放入料酒、精盐、沙姜粉、酱油、青椒块和红椒块炒2分钟，出锅，放入南瓜盅内。

4 把南瓜盅放在蒸锅的箅子上，盖上南瓜盖（图6），用旺火蒸30分钟至熟，出锅上桌即成。

柠檬鸭

净鸭半只，柠檬1个，枸杞子10克

姜块25克，蒜片10克，精盐1小匙，冰糖25克，白醋2小匙，料酒2小匙，植物油2大匙

1 柠檬先切成两半，再切成半圆片（图1）；姜块洗净，去皮，切成细丝。

2 净鸭先剁成长条（图2），再剁成大小均匀的块，放入冷水锅内煮沸，撇去浮沫（图3），继续煮3分钟，捞出鸭块，换清水洗净，沥净水分。

3 净锅置火上，放入植物油烧至五成热，放入姜丝炝锅出香味（图4），倒入鸭块（图5），用旺火翻炒5分钟，加入蒜片、精盐、冰糖、白醋、料酒和清水煮至沸。

4 放入柠檬片（图6），用小火烧焖30分钟至熟香，改用旺火收浓汤汁，撒上枸杞子，出锅装盘即可。

红枣花雕鸭

原料　调料

净鸭半只，红枣35克

大葱15克，姜块10克，八角1个，精盐2小匙，冰糖20克，老抽1大匙，花雕酒、植物油各2大匙

1. 红枣用温水浸泡片刻，取出，去掉枣核；净鸭洗净血污，剁成大块，放入沸水锅中焯烫一下，捞出鸭块，沥水。

2. 大葱择洗干净，切成小段；姜块去皮，用清水洗净，切成小片。

3. 把鸭块放入热油锅中煸炒5分钟，放入葱段、姜片、八角、花雕酒、老抽、冰糖、红枣及适量的热水炖30分钟至鸭块熟烂，加入精盐调好口味，出锅上桌即可。

汽锅酸菜鹅

原料　调料

鹅腿1个，酸菜200克，水发粉丝50克

精盐、味精、胡椒粉、鸡精各1小匙，熟鸡油2大匙，酱油、清汤、植物油各适量

1. 鹅腿去掉绒毛，洗净，剁成大块，加上少许精盐和酱油拌匀，放入热油锅内炸5分钟，捞出；酸菜去根，切成丝，攥干水分。

2. 净锅置火上，加上熟鸡油烧热，放入酸菜丝炒2分钟，出锅，码放在汽锅内，加入水发粉丝、鹅块和清汤。

3. 汽锅内再放入精盐、鸡精、味精和胡椒粉，盖严汽锅盖，放入蒸锅内蒸20分钟即可。

干烧黄鱼

黄鱼1条，猪五花肉75克，香菇、胡萝卜、青豆粒各25克

葱花、姜片、蒜片各少许，精盐、豆瓣酱、老抽、生抽、白糖、植物油各适量

1 黄鱼刮净鱼鳞，去除鱼鳃和内脏，在黄鱼的两侧分别剖上一字刀（图1），放入热油锅内（图2），用旺火炸至色泽金黄，捞出，沥油。

2 香菇洗净，去掉菌蒂，切成丁；胡萝卜去皮，也切成丁；青豆择洗干净；猪五花肉切成小丁（图3）。

3 净锅置火上，加入植物油烧热，放入五花肉丁炒至变色（图4），放入葱花、蒜片、姜片和豆瓣酱炒出香辣味，加入清水煮至沸，捞出锅内的葱花、蒜片等不用（图5）。

4 放入黄鱼，加入精盐、老抽、生抽和白糖调好口味，放入香菇丁、胡萝卜丁和青豆烧沸，用中火烧至鱼熟（图6），改用旺火收浓汤汁即成。

铁板鲈鱼

净鲈鱼1条，红尖椒25克，香葱15克

葱段、姜片、蒜瓣各15克，八角2个，精盐、料酒、辣椒酱、冰糖、酱油、植物油各适量

1 把香葱去根和老叶，洗净，切成香葱花（图1）；蒜瓣去皮、拍散；红尖椒去蒂，去籽，切成小粒。

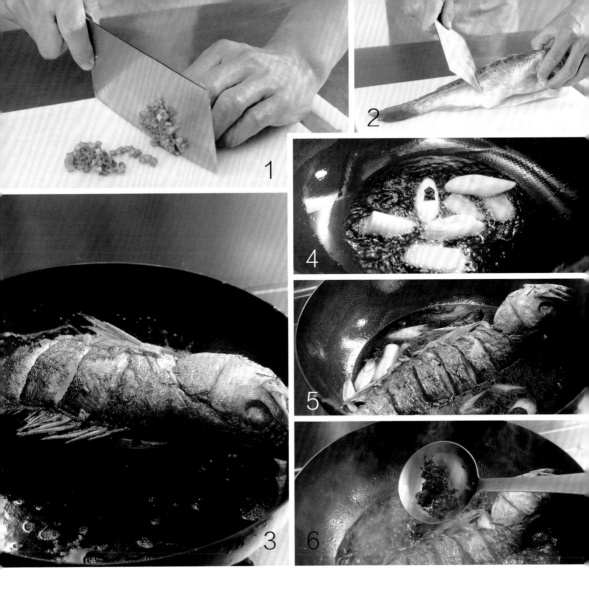

净鲈鱼擦净表面水分，放在案板上，表面斜剖上一字花刀
（图2），涂抹上少许精盐和料酒，放入热油锅内，用旺火
炸至色泽金黄，捞出，沥油（图3）。

锅内留少许底油烧热，加入八角、葱段、姜片和蒜瓣炝锅
出香味（图4），加入料酒和酱油，倒入适量的清水煮至
沸，撇去汤汁表面的浮沫和杂质，放入鲈鱼（图5）。

加入精盐、冰糖和辣椒酱（图6），用小火烧至鲈鱼熟嫩
入味，出锅，倒在垫有铝箔纸的热铁板上，撒上红尖椒
粒、香葱花即可。

鱼头冻豆腐

原料　调料

净鳙鱼头1个，冻豆腐300克，笋干100克，香葱花少许

姜片20克，精盐、白糖各1小匙，胡椒粉少许，料酒1大匙，植物油2大匙

1　冻豆腐自然化冻，挤去水分，切成大块；笋干放入清水中浸泡至涨发，换清水漂洗干净，沥净水分，切成小条。

2　净鳙鱼头沥净水分，放入烧热的油锅内煎3分钟至变色，取出鱼头，沥油。

3　锅内加入清水、鳙鱼头、冻豆腐块、笋干条和姜片烧沸，加入料酒、精盐、白糖和胡椒粉，用中火炖25分钟至熟，撒上香葱花即可。

麒麟鳜鱼

原料　调料

净鳜鱼1条(约750克)，香菇片、火腿片、胡萝卜片、油菜心各少许

鸡精、料酒各1小匙，精盐、味精、胡椒粉、蒸鱼豉油各适量

1. 把净鳜鱼的鱼头、鱼尾切下，摆在鱼盘的两端，再将鱼身两侧切上夹刀片，放入大碗中。

2. 加入精盐、味精、鸡精、胡椒粉和料酒拌匀，腌渍15分钟，取出鱼身，放在鱼盘中间，将火腿片、香菇片和胡萝卜片放入鱼身夹刀片中。

3. 把鳜鱼放入蒸锅内，用旺火蒸10分钟至熟，取出鳜鱼，四周放上焯烫好的油菜心，再淋入蒸鱼豉油即可。

盐焗大虾

大虾400克

粗盐250克，花椒5克

1 将大虾刷洗干净，沥净水分，放在案板上，切去虾须与尖刺（图1），用牙签从大虾背部挑出虾线。

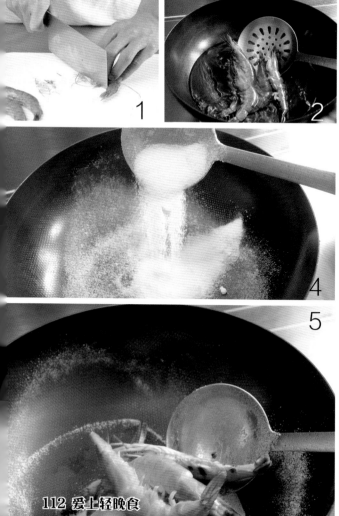

2 净锅置火上烧热，加入花椒，用小火煸炒3分钟，取出，凉凉，压成花椒碎粒。

3 净锅置火上，倒入清水，放入大虾（图2），用旺火快速焯烫至大虾变色，捞出大虾（图3），擦净表面水分。

4 净锅置火上烧热，先倒入粗盐煸炒3分钟（图4），放入擦净水分的大虾（图5），先用旺火翻炒均匀，撒上花椒碎，改用中火焖3分钟至熟香（图6），取出大虾，装盘上桌即可。

珍珠虾酥

草虾200克，猪肉末150克，红椒、青椒、洋葱、酥花生米各25克，熟芝麻少许，鸡蛋1个

花椒、干红辣椒各5克，精盐、料酒、生抽、淀粉、植物油各适量

1 草虾剔除虾线（图1），加入少许精盐、淀粉拌匀，倒入烧热的油锅内炸至酥脆（图2），捞出，沥油。

2 猪肉末放入容器内，磕入鸡蛋，加入精盐、淀粉搅拌均匀，挤成3厘米大小的丸子（图3），放入烧热的油锅中炸成金黄色，捞出，沥油（图4）。

3 洋葱剥去外层老皮，切成小粒；红椒、青椒分别去蒂，也切成小粒（图5）；干红辣椒去蒂，切碎。

4 锅内加入植物油烧热，加入花椒、干红辣椒碎、洋葱粒、红椒粒、青椒粒炒出香味，加入草虾、丸子、酥花生米、精盐、料酒、生抽和熟芝麻炒匀（图6），装盘上桌即可。

葱辣大虾

原料 调料

大虾500克，香葱25克

姜末10克，干红辣椒25克，精盐、味精各1/2小匙，料酒、糖色各1小匙，清汤、植物油各适量

1. 大虾洗净，在背部划一刀，挑除虾线，放入烧热的油锅内冲炸一下，捞出，沥油；干红辣椒、香葱分别洗净，均切成小段。

2. 净锅置火上，加上植物油烧热，下入干红辣椒段炒出香辣味，添入清汤，放入大虾和香葱段翻炒均匀。

3. 加入姜末、料酒、精盐、味精和糖色，用旺火快速翻炒均匀，离火上桌即可。

番茄大虾

原料　调料

大虾500克

葱段10克，姜片5克，精盐少许，白糖、料酒各1大匙，鸡精1/2小匙，番茄酱2大匙，植物油适量

1. 大虾去掉虾头及壳，在背部划一刀，取出虾线，加上少许料酒和精盐拌匀，略腌片刻，倒入烧热的油锅内冲炸一下，捞出，沥油。

2. 净锅置火上，加入少许植物油烧至五成热，下入葱段、姜片炝锅出香味，放入番茄酱和适量清水炒出香味。

3. 放入精盐、鸡精、白糖和料酒炒至浓稠，倒入炸好的大虾炒匀，出锅装盘即可。

水晶虾球

 虾仁300克，细粉丝75克

姜末10克，精盐1/2小匙，料酒1大匙，味精少许，白糖5大匙，淀粉、面粉、植物油各适量

1 虾仁从背部片开，剔去虾线，轻轻攥净水分，放在大碗内，加入姜末、精盐、料酒和味精拌匀，腌渍15分钟；淀粉、面粉放在容器内，加入清水拌匀成面粉糊（图1）。

2 锅置火上，倒入植物油烧至三成热，放入细粉丝（图2），用旺火炸至细粉丝膨大，取出细粉丝，放在容器内，轻轻按压一下（图3）。

3 把虾仁放入面粉糊内搅拌均匀，挂匀一层面粉糊（图4），逐个放入烧热的油锅内炸至色泽金黄，捞出，沥油。

4 净锅置火上烧热，放入白糖和清水，用中火炒至色泽黄亮成糖汁（图5），倒入虾仁裹匀糖汁，出锅，倒入盛有细粉丝的容器内，裹上一层炸细粉丝（图6），装盘上桌即可。

蒜蓉开背虾

大虾300克，细粉丝50克，红椒、香葱、小米椒各10克

蒜瓣50克，姜末5克，精盐少许，豆豉、白糖各1小匙，蒸鱼豉油1大匙，植物油2大匙

1 大虾洗净，用尖刀从虾后背处片开（图1），去除虾线；小米椒洗净，去蒂，切成椒圈（图2）；蒜瓣去皮，剁成细末，放在碗内，淋上烧热的植物油烫出香味（图3）。

2 香葱去根和老叶，切成香葱花；红椒洗净，切成小粒；细粉丝放入大碗中，倒入温水浸泡至涨发。

3 捞出细粉丝，沥水，加入姜末、精盐、少许蒸鱼豉油、白糖拌匀，放在盘内垫底（图4）。

4 把大虾放入沸水锅内焯烫一下，捞出（图5），放在细粉丝上，加入豆豉、米椒圈、红椒粒和蒜末（图6），放入蒸锅内蒸5分钟，取出，淋上蒸鱼豉油，撒上香葱花即可。

香辣虾

原料　调料

大虾500克

干红辣椒15克，八角、花椒、葱段、姜片、蒜瓣各10克，香叶、陈皮各2克，白糖、味精、豆瓣酱各2小匙，清汤、植物油各适量

1 大虾剪去虾枪、虾须，从大虾背部片开，去掉虾线，洗净，沥水，放入热油锅中炸至色泽金黄，捞出，沥油。

2 锅内留少许底油，复置火上烧热，下入干红辣椒、八角、花椒、葱段、姜片、蒜瓣、香叶、陈皮炒出香辣味。

3 加入白糖、味精、豆瓣酱和清汤烧沸成味汁，倒入炸好的大虾烧焖至入味，装盘上桌即成。

荷香海参

原料　调料

海参（鲜活）500克，干荷叶1张

精盐2小匙，葱伴侣酱3大匙

1 鲜活海参从腹部剖开，去掉内脏和杂质，洗净，放入沸水锅中焯烫一下，捞出，沥水，放入大碗中，加入精盐拌匀，腌渍1小时。

2 锅中加入清水烧沸，放入海参煮10分钟，捞出海参，沥水。

3 干荷叶放入清水中泡透，取出，铺入笼屉中，摆上海参，放入蒸锅内，用旺火蒸15分钟，取出海参，配葱伴侣酱蘸食即可。

鲍鱼烧土豆

鲍鱼500克，土豆250克，香菜叶少许

葱花、姜块、蒜瓣各10克，精盐、鲍鱼汁、酱油、蚝油、料酒、植物油各适量

1 土豆去皮，切成滚刀块（图1），放入烧热的油锅内，用小火炸至色泽浅黄（图2），捞出土豆块，沥油。

2 用小刀从鲍鱼壳处切入，切断贝柱，取出鲍鱼肉，去掉内脏和肠肚，放入淡盐水中浸泡并洗净黏液（图3），再换清水漂洗干净；姜块、蒜瓣分别去皮，切成片。

3 把鲍鱼肉擦净表面水分，放在案板上，在内侧剞上十字花刀（图4），放入清水锅内，加入少许精盐和料酒，用旺火快速焯烫一下，捞出，沥水。

4 锅内加入植物油烧热，放入葱花、姜片、蒜片炝锅，加入鲍鱼汁、酱油、清水、精盐、料酒和蚝油烧沸，加入土豆块烧5分钟（图5），放入鲍鱼，用旺火收浓汤汁（图6），撒上香菜叶点缀即成。

面拖蟹

活螃蟹2只

花椒15克，精盐1 大匙，
面粉4 大匙，植物油适量

1 把花椒放入热锅内煸炒至变色，取出花椒，用擀面杖擀压
成碎末，放在小碟内，加入精盐拌匀成花椒盐。

2 活螃蟹放在容器内，加入清水和少许精盐，盖上湿布，静养2小时，取出螃蟹。

3 用刀背将活螃蟹拍晕，掰开螃蟹（图1），去掉蟹鳃等杂质（图2），从中间剁成两半（图3），再用刀将螃蟹的爪尖去掉，最后把螃蟹蘸匀一层面粉（图4）。

4 净锅置火上，加入植物油烧至五成热，放入螃蟹块冲炸一下（图5），捞出；待锅内油温升至八成热时，再放入螃蟹块炸至色泽金黄，捞出（图6），码放在盘内，带花椒盐一起上桌蘸食即可。

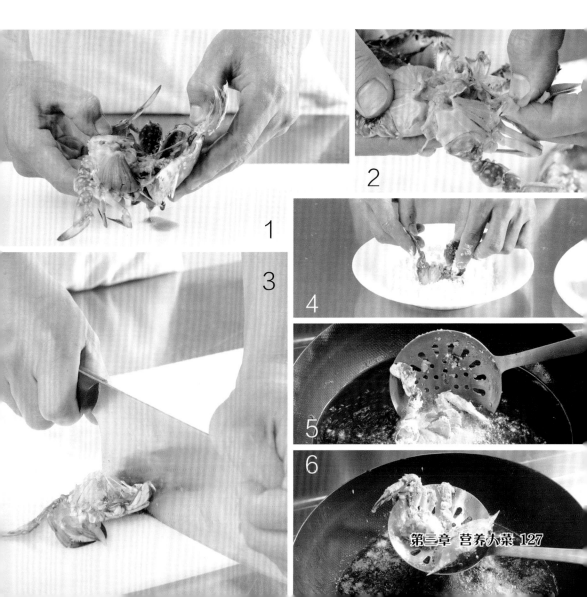

芝士龙虾仔

原料　调料

龙虾仔1只，薯泥100克，法香碎末5克，香草少许

蒜末、巴拿马芝士碎末各20克，白兰地酒2小匙，黄油100克，食用金箔、精盐、胡椒粉各少许

1. 黄油加上蒜末、法香碎末混合搅拌均匀成黄油酱汁；龙虾仔洗净，从背部剖开，加入精盐、胡椒粉和白兰地酒拌匀，腌渍10分钟。

2. 在切开的龙虾仔表面涂抹上拌好的黄油酱汁，撒上巴拿马芝士碎末。

3. 烤炉预热至220℃，放入龙虾仔烤10分钟至熟香且外表金黄，取出龙虾仔，码放在盘内，配以薯泥、香草、食用金箔即可。

椒麻鱿鱼卷

原料　调料

鲜鱿鱼500克，香葱15克

葱花30克，花椒5克，
精盐、味精各1小匙，
香油2小匙，清汤3大匙

1　鲜鱿鱼去头，撕去外膜，除去内脏，洗涤整理干净，在内侧剖上荔枝花刀，放入沸水锅中焯烫至打卷，捞出，沥水，装入盘中。

2　香葱择洗干净，切成碎粒；用刀把葱花、花椒剁细，拌匀椒麻糊。

3　把椒麻糊放入碗中，加入精盐、味精、香油、清汤调匀，制成椒麻味汁，浇淋在鱿鱼卷上，撒上香葱碎，食用时拌匀即可。

第四章

汤羹炖品

山药南瓜羹

南瓜250克，山药150克，红枣25克

红糖50克

1 南瓜刷洗干净，擦净表面水分，放在案板上，去掉瓜蒂，从中间切开成两半（图1），再把南瓜切成大块，去掉南瓜瓤（图2），把南瓜带皮切成滚刀块（图3）。

2 红枣刷洗干净，放入蒸锅内蒸5分钟，取出红枣，去掉果核；山药洗净，削去外皮（图4），切成滚刀块（图5），用淡盐水浸泡片刻，捞出，沥水。

3 把南瓜块、山药块和红枣放在汤碗内，撒上红糖，放入蒸锅内（图6），加入适量的清水，盖上锅盖，用旺火蒸25分钟至熟香，出锅，直接上桌即可。

鲜味三菇汤

蟹味菇、白玉菇各75克，香菇50克，香葱15克

姜块10克，精盐、鸡精、香油各1小匙，生抽、料酒各1大匙，清汤1500克，植物油2大匙

1　香菇用淡盐水浸泡并洗净，沥净水分，去掉菌蒂（图1），切成小块（图2）；白玉菇择洗干净，去掉根（图3），撕成小块；蟹味菇洗净，去掉菌蒂。

2　香葱洗净，去掉根和老叶，切成香葱花；姜块洗净，去皮，切成小片。

3　净锅置火上，加入清水和少许精盐烧沸，倒入香菇、白玉菇和蟹味菇焯烫一下（图4），捞出（图5），沥净水分。

4　净锅置火上，加上植物油烧热，下入姜片炝锅，放入香菇、白玉菇、蟹味菇、料酒、清汤、生抽、鸡精和精盐（图6），用中火煮5分钟，撒上香葱花，淋入香油即可。

芙蓉三丝汤

原料　调料

番茄150克，鸡蛋皮1张，水发木耳、水发海米各15克，鸡蛋清2个

精盐1小匙，味精少许，香油2小匙，清汤适量

1. 番茄去蒂，用热水烫一下，剥去外皮，去掉瓤，切成丝；鸡蛋清搅拌均匀；水发木耳、鸡蛋皮分别切成细丝。

2. 净锅置火上，加入清汤煮至沸，放入鸡蛋皮丝、水发木耳丝、番茄丝略烫一下，捞出三丝，盛放在汤碗内。

3. 清汤锅中加入水发海米煮沸，慢慢淋入鸡蛋清，加入精盐、味精和香油煮2分钟，出锅，倒在盛有三丝的汤碗内即可。

果蔬汤

原料　调料

番茄250克，胡萝卜、土豆各100克，洋葱、西芹、面粉各50克

精盐1小匙，白糖、黄油各1/2大匙，牛奶100克，植物油2大匙，清汤适量

1 番茄洗净，去蒂，切成小块；洋葱剥去外层老皮，洗净，切成丝；胡萝卜、西芹、土豆分别择洗干净，切成小条。

2 锅中加上植物油烧热，放入番茄块、胡萝卜条、土豆条、洋葱丝、西芹条和清汤煮约8分钟成果蔬汤。

3 净锅置火上，加上黄油和面粉炒匀，加入牛奶调匀，再倒入果蔬汤煮至沸，加上精盐、白糖调好口味，出锅上桌即可。

砂锅排骨汤

猪排骨400克，细粉丝25克，香葱、枸杞子各少许

姜块10克，精盐2小匙，料酒1大匙，胡椒粉、味精各少许，香油1小匙

1 猪排骨洗净血污，剁成大块（图1），放入沸水锅内焯烫3分钟，捞出，换清水洗净，沥水。

1

2

3

6

4

5

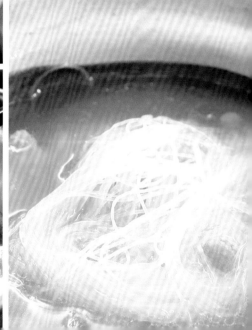

2 细粉丝放在容器内，加入适量的温水浸泡至软（图2），捞出；香葱去根和老叶，切成香葱花；枸杞子洗净；姜块去皮，切成小片。

3 砂锅置火上烧热，加入清水、姜片和料酒，放入猪排骨块（图3），用旺火烧沸，改用小火煮30分钟，放入枸杞子煮2分钟（图4）。

4 加入胡椒粉、味精和精盐调好口味（图5），放入水发细粉丝（图6），用旺火煮3分钟，淋入香油，撒上香葱花，离火上桌即可。

花菇猪蹄汤

猪蹄1个，花菇、红枣各25克，香葱、枸杞子各10克

大葱、姜块各15克，八角5个，精盐1小匙，料酒、生抽各2小匙，胡椒粉、香油各少许

1 先把猪蹄从中间劈开，再剁成块（图1）；花菇放在容器内，倒入温水浸泡至涨发（图2），捞出。

2 香葱洗净，切成香葱花；红枣、枸杞子分别择洗干净；猪蹄块放入清水锅中，用旺火快速焯烫一下，捞出猪蹄块（图3）；大葱洗净，切成段；姜块去皮，切成大片。

3 高压锅置火上，倒入清水，放入葱段、姜片、八角、料酒、生抽和焯烫好的猪蹄块（图4），盖上锅盖，用中火压20分钟至猪蹄块近熟，离火，开盖（图5），取出猪蹄块。

4 净锅置火上，滗入压猪蹄的原汤，放入花菇、红枣和猪蹄块，继续炖25分钟，加入精盐、胡椒粉（图6），再放入枸杞子稍煮，撒上香葱花，淋上香油即成。

榨菜肉丝汤

原料　调料

猪里脊肉150克，榨菜100克，青椒、红椒各少许

葱末、姜末各10克，蒜末5克，精盐、味精各1小匙，香油1/2大匙，植物油1大匙

1. 榨菜去根，洗净，切成细丝，放入沸水锅中焯烫一下，捞出，沥水；猪里脊肉洗净，切成细丝；青椒、红椒去蒂，去籽，切成丝。

2. 净锅置火上，加入植物油烧热，下入猪肉丝炒至变色，放入葱末、姜末、蒜末炒出香味。

3. 添入清水煮至沸，放入榨菜丝煮10分钟，撇去浮沫，加入精盐、味精调匀，撒上青椒丝和红椒丝，淋入香油，出锅装碗即可。

虫草花龙骨汤

原料 调料

猪排骨500克，甜玉米50克，芡实20克，虫草花15克，枸杞子10克

葱段15克，姜片10克，精盐2小匙，味精1小匙

1. 甜玉米取玉米粒；虫草花洗涤整理干净，切成小段；芡实择洗干净；枸杞子洗净，用清水浸泡。

2. 把猪排骨洗净血污，剁成小块，放入烧沸的清水锅内焯烫一下，捞出，沥水。

3. 净锅置火上，加入清水、葱段、姜片、猪排骨块、甜玉米粒、芡实和虫草花烧沸，用小火煮至排骨块熟嫩，撒上枸杞子，加入精盐、味精调好口味即可。

当归乌鸡汤

净乌鸡1只，桂圆25克，当归10克，枸杞子5克

葱段10克，姜块15克，精盐1小匙，胡椒粉、鸡精各1/2小匙，料酒1大匙

1　净乌鸡去掉鸡尖，剁成大小均匀的块（图1），放入清水中漂洗干净，沥净水分；当归、枸杞子分别洗净。

2　桂圆放在碗内，倒入适量的温水浸泡片刻，取出桂圆，剥去外壳，取桂圆肉（图2）；姜块去皮，切成大片。

3　净锅置火上，倒入冷水，放入乌鸡块（图3），用中火煮至沸，烹入料酒，改用旺火焯烫3分钟，撇去浮沫和杂质，捞出乌鸡块（图4），再用清水漂洗干净，沥净水分。

4　把葱段、姜片、乌鸡块和当归放入冷水锅内（图5），加入桂圆肉，用小火煮1小时至乌鸡块熟嫩，加入精盐、鸡精和胡椒粉调好口味（图6），撒上枸杞子稍煮片刻即成。

南瓜鸡腿汤

鸡腿1个，小南瓜1个，花生米、红枣各25克，枸杞子10克

姜块15克，精盐2小匙，料酒1大匙，米醋少许

1 鸡腿洗净血污，擦净水分，剁成大小均匀的块（图1）；红枣洗净，去掉枣核；枸杞子漂洗干净。

小南瓜洗净，去蒂，切成两半，挖去瓜瓤（图2），再将小南瓜顺纹理切成大块（图3）；姜块去皮，洗净，切成大片；花生米用清水浸泡片刻，捞出，沥水。

净锅置火上，倒入冷水，放入鸡腿块（图4），用旺火煮至沸，烹入料酒，用中火焯烫5分钟，撇去表面的浮沫和杂质（图5），捞出鸡腿块，再用清水漂洗干净，沥净水分。

鸡腿块再次放入冷水锅内，放入姜片、花生米、米醋、精盐和红枣，用中火煮10分钟，加入小南瓜块（图6），继续煮15分钟至鸡腿块、南瓜块熟香，撒上枸杞子即成。

鸡肉蓝花汤

原料　调料

鸡腿肉300克，西蓝花100克

大葱15克，姜丝10克，精盐2小匙，料酒2大匙，生抽1大匙，香油少许

1 鸡腿肉洗净，切成大块，放入沸水锅中焯烫一下，捞出，换清水冲净；西蓝花洗净，掰成小朵；大葱洗净，取葱白部分，切成细丝。

2 净锅置火上，加入适量的清水，下入鸡腿肉块、姜丝、料酒和生抽，先用旺火煮沸，再转小火煮30分钟。

3 放入西蓝花煮5分钟，加入精盐煮1分钟，淋入香油，撒入葱白丝，出锅上桌即可。

淮山老鸭汤

原料　调料

净老鸭1只，淮山药25克，枸杞子15克，桂圆肉10克

姜片25克，精盐2小匙，胡椒粉少许

1 净老鸭剁成大块，放入沸水锅中焯烫5分钟，捞出，换清水洗净，沥净水分；桂圆肉、枸杞子分别洗净；淮山药洗净，切成小片。

2 净锅置火上，加入适量的清水烧沸，放入老鸭块、桂圆肉、淮山药片、枸杞子和姜片煮沸。

3 改用小火煮2小时至老鸭块熟香，加入精盐、胡椒粉调好汤汁口味，出锅装碗即可。

山药白果鸭汤

净鸭子半只，山药250克，白果15克，枸杞子10克，香葱少许

老姜15克，葱段少许，陈皮5克，精盐1小匙，料酒1大匙

1 将老姜去皮，切成薄片（图1）；山药削去外皮，切成滚刀块（图2）；枸杞子、白果分别择洗干净。

2 净鸭子洗去血污，擦净水分，剁成大小均匀的块（图3）；香葱去掉根和老叶，切成香葱花。

3 净锅置火上，放入冷水、少许料酒和鸭块（图4），用中火焯烫5分钟，撇去表面的浮沫和杂质（图5），捞出鸭块，换清水漂洗干净。

4 将鸭块、白果、山药块、老姜片、陈皮、葱段放入清水锅内烧沸，加入精盐和料酒，用小火煮1小时至熟香（图6），加入枸杞子和香葱花即可。

酸萝卜老鸭汤

净鸭子半只，白萝卜200
克，胡萝卜75克，枸杞子
10克

姜片15克，精盐1小匙，
白醋、料酒各1大匙，胡
椒粉少许

1 白萝卜去皮，切成滚刀块（图1），放入容器内，加入少许
精盐和白醋拌匀（图2），腌渍30分钟成酸萝卜块。

2 胡萝卜去皮，切成块；净鸭子先剁成长条，再剁成大小均匀的块（图3），放入冷水锅内（图4），加入料酒焯烫5分钟，捞出鸭块，换清水洗净。

3 净锅置火上，倒入清水，放入姜片和焯烫好的鸭块，先用旺火烧沸，改用中火煮30分钟，加入腌泡好的酸萝卜块（图5），继续煮10分钟。

4 加入胡萝卜块，用中火煮20分钟，待鸭块熟香、酸萝卜块软嫩时，加入胡椒粉、精盐调好汤汁口味（图6），加入洗净的枸杞子稍煮，出锅上桌即成。

白菜豆腐汤

原料　调料

豆腐200克，白菜150克，松茸25克

葱花、姜片各5克，精盐1小匙，味精、胡椒粉各少许，清汤750克，植物油5小匙

1　白菜去掉菜根和老叶，取白菜嫩叶和菜帮，把白菜叶撕成小块，白菜帮切成条；豆腐沥去水分，切成小方块；松茸洗净。

2　净锅置火上，加入植物油烧至五成热，下入葱花、姜片炒香，放入白菜帮条煸炒至软，滗出锅内的水分。

3　添入清汤烧沸，放入豆腐块和松茸，用旺火煮8分钟，加入白菜叶，放入精盐煮2分钟，加入味精、胡椒粉煮至入味，出锅装碗即可。

发菜豆腐汤

原料　调料

豆腐400克，番茄75克，水发发菜25克，冬笋、枸杞子各少许

精盐、料酒各1小匙，味精少许，水淀粉2小匙，植物油2大匙

1. 豆腐切成三角片，放入沸水锅中焯烫一下，捞出；番茄去蒂，洗净，切成片；冬笋洗净，切成小片，放入沸水锅内焯烫一下，捞出。

2. 净锅置火上，加入植物油烧至八成热，下入冬笋片煸炒2分钟，烹入料酒，放入清水、水发发菜和枸杞子煮沸。

3. 加入豆腐片和番茄片煮5分钟，放入精盐和味精，用水淀粉勾薄芡，出锅装碗即可。

蔬菜鱼丸汤

净草鱼1条，猪五花肉75克，油菜50克，香菜15克，木耳、枸杞子各少许，鸡蛋清1个

葱末5克，精盐1小匙，鸡精1/2小匙，胡椒粉、香油各少许，料酒、花椒水、淀粉各1大匙

1 油菜洗净，顺长切成小段（图1）；香菜去根和老叶，切成段（图2）；猪五花肉剁成末；木耳用温水浸泡至涨发，取出，去蒂，撕成小块。

2 净草鱼去掉鱼头、鱼骨和鱼皮，取净草鱼肉，剁成鱼蓉（图3），加上猪肉末、葱末、料酒、花椒水、精盐、鸡精、胡椒粉、香油、鸡蛋清和淀粉拌匀成馅料（图4），团成直径2厘米大小的鱼肉丸生坯（图5）。

3 锅内加入清水烧沸，下入鱼肉丸生坯，加入鸡精、精盐、胡椒粉煮至鱼丸浮起（图6），放入油菜段、水发木耳和枸杞子煮几分钟，淋上香油，撒上香菜段即可。

猪肚海蛏汤

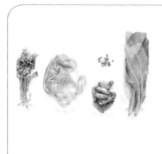

蛏子、净猪肚各250克，小白菜50克，香菜15克，小米椒10克

葱段15克，花椒、干红辣椒各5克，八角2个，精盐、料酒、胡椒粉、清汤各适量

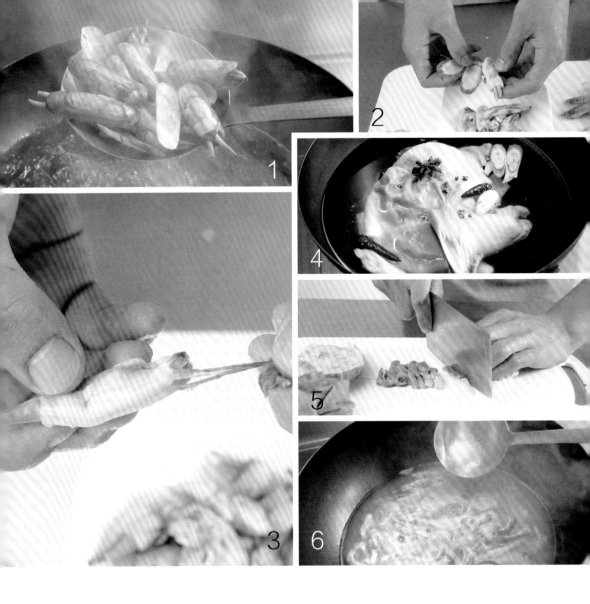

蛏子刷洗干净，放入沸水锅内焯烫至开壳，捞出（图1），剥去外壳（图2），去掉黑色杂质（图3），取净蛏子肉；小白菜、香菜分别洗净，切成小段；小米椒洗净，切碎。

净锅置火上，加入清水、净猪肚、葱段、花椒、八角、干红辣椒和料酒（图4），烧沸后用中火煮40分钟至猪肚熟嫩，捞出猪肚，沥净水分，切成小条（图5）。

锅置火上，加入清汤，放入熟猪肚条和蛏子肉，用旺火煮5分钟，加入精盐、胡椒粉调好汤汁口味（图6），加入小白菜段稍煮，撒上小米椒碎和香菜段，出锅上桌即成。

清香鱼头汤

原料　调料

鱼头1个，菠菜125克，
香菜25克，香葱15克

姜片10克，精盐2小
匙，料酒1大匙，牛奶4
大匙，熟猪油少许，植
物油适量

1　菠菜去根，洗净，切成小段；香菜洗净，切成碎末；香葱洗净，切成香葱花；鱼头去掉鱼鳃，刮净黑膜，洗净，放入油锅内稍煎，取出。

2　净锅置火上，倒入清水煮至沸，放入鱼头和姜片，再沸后撇去表面浮沫，加入熟猪油、料酒和牛奶煮匀。

3　用中火煮至鱼头熟嫩，加入精盐调好口味，放入菠菜段稍煮，撒入香菜碎、香葱花即可。

酸辣鱼丝汤

原料　调料

净鱼肉200克，黄瓜50克，鸡蛋清1个，净香菜叶少许

葱丝、姜丝各10克，精盐、味精各1小匙，胡椒粉、淀粉、酱油、料酒、水淀粉、白醋、植物油各适量

1. 黄瓜洗净，切成细丝；净鱼肉切成丝，放入碗中，加入鸡蛋清和淀粉抓匀，放入烧至四成热的油锅中滑散，捞出，沥油。

2. 锅中留少许底油，复置火上烧热，下入葱丝、姜丝炝锅，烹入白醋，添入清水，加入鱼肉丝、料酒、酱油、精盐烧沸，撇去表面的浮沫。

3. 放入黄瓜丝，加入味精、胡椒粉调匀，用水淀粉勾芡，撒上净香菜叶，出锅装碗即可。

第五章

瘦身主食

胡萝卜蛤蜊粥

大米75克，鲜活蛤蜊200克，胡萝卜100克，香葱10克

姜块10克，精盐1小匙，料酒2小匙，植物油少许

1 大米淘洗干净，放在干净容器内，倒入清水浸泡30分钟，捞出；胡萝卜去根，削去外皮，切成丝（图1）；香葱洗净，切成香葱花；姜块去皮，洗净，切成细丝（图2）。

2 把鲜活蛤蜊刷洗干净，放入冷水锅内（图3），用旺火焯烫至蛤蜊开口，捞出蛤蜊（图4）。

3 净锅置火上，倒入足量的清水，放入大米，用旺火煮至沸，淋上植物油，改用中火煮20分钟（图5），倒入焯烫好的蛤蜊稍煮。

4 撒上姜丝，放入胡萝卜丝，加上料酒和精盐，继续煮3分钟至米粥黏稠入味（图6），撒上香葱花即成。

皮蛋瘦肉粥

大米100克，猪瘦肉125克，香葱15克，松花蛋（皮蛋）1个

姜块15克，精盐1小匙，香油少许

1 猪瘦肉去掉筋膜，先切成薄片，再切成细丝（图1）；香葱择洗干净，切成香葱花。

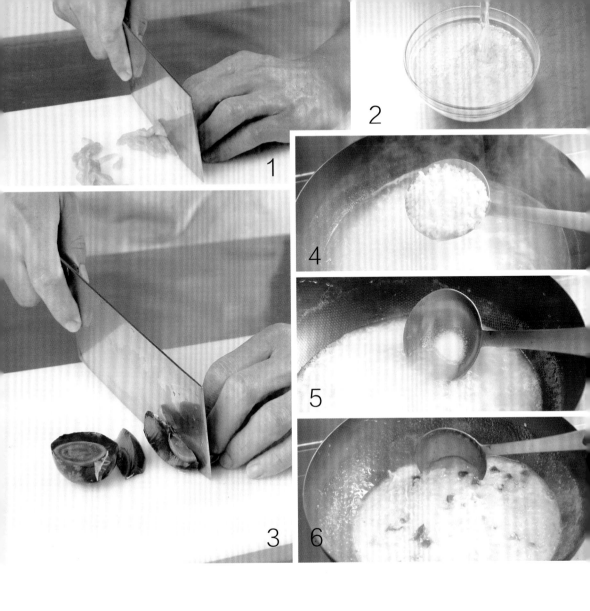

姜块去皮，洗净，切成细丝；大米淘洗干净，放在大碗中，放入清水（图2），浸泡30分钟；松花蛋放入蒸锅内蒸5分钟，取出松花蛋，剥去外壳，切成小块（图3）。

把大米捞出，倒入锅内，加入适量的清水（水量约为平时煮饭时的2倍），盖上锅盖，用小火熬煮15分钟至米粥近熟（图4），加入猪瘦肉丝和姜丝煮至熟。

加上精盐调好口味（图5），放入松花蛋块煮1分钟，用手勺不断搅动（图6），放入香油搅匀，出锅，倒在大碗内，撒上香葱花即可。

八宝粥

原料　调料

糯米100克，红小豆50克，葡萄干、花生米、莲子、松子仁、红枣、桂圆肉各20克

白糖适量

1 糯米淘洗干净，放在容器内，加入清水浸泡4小时，连清水一起倒入净锅内，先用旺火煮沸，改用中小火煮至熟烂，出锅成糯米粥。

2 将红小豆、花生米、莲子淘洗干净，放入清水锅中煮至熟软，加入糯米粥，放入桂圆肉、红枣、松子仁煮至浓稠。

3 放入葡萄干和白糖搅匀，继续煮15分钟，出锅装碗即成。

薏米红枣粥

原料　调料

薏米150克，糯米50克，红枣75克

姜块15克，糖桂花1大匙，冰糖50克

1. 薏米、糯米分别淘洗干净，放在容器内，放入清水浸泡5小时；红枣去掉果核，留红枣果肉；姜块去皮，切成细丝。

2. 净锅置火上，加入适量的清水煮沸，倒入淘洗好的薏米，用中火煮40分钟。

3. 下入糯米和姜丝，继续煮20分钟，放入红枣果肉、冰糖和糖桂花煮10分钟，出锅装碗即可。

咖喱牛肉饭

大米饭1碗，牛肉250克，胡萝卜、洋葱各100克

姜块、蒜瓣各10克，精盐、白糖各少许，咖喱膏25克，料酒、酱油、水淀粉、植物油各适量

1　牛肉去掉筋膜，切成丁（图1），放入清水锅内，加上料酒焯烫至变色，捞出牛肉丁（图2），沥水。

2 胡萝卜去根，削去外皮，切成1厘米大小的丁（图3）；洋葱择洗干净，也切成1厘米大小的丁；蒜瓣去皮，切成片；姜块洗净，去皮，也切成片。

3 净锅置火上，加上植物油烧至六成热，加入蒜片、姜片炝锅出香味，倒入焯烫好的牛肉丁稍炒，加入胡萝卜丁、洋葱丁，烹入料酒翻炒均匀（图4）。

4 加入咖喱膏（图5），放入精盐、白糖、酱油调好口味，用中火烧焖10分钟（图6），用水淀粉勾芡成咖喱牛肉，离火，放在盛有大米饭的盘内，直接上桌即成。

什锦炒饭

大米100克，虾仁、胡萝卜各75克，青豆50克，香葱花10克，鸡蛋2个

精盐1小匙，胡椒粉少许，植物油2大匙，香油2小匙

1　大米淘洗干净，放入碗内，倒入适量的清水，放入蒸锅内（图1），用旺火蒸15分钟至熟成大米饭（图2），取出。

2 胡萝卜洗净，削去外皮，切成小丁；虾仁洗净，轻轻擦净水分，去掉虾线，也切成丁（图3）；鸡蛋磕入碗内，打散成鸡蛋液（图4）；青豆择洗干净。

3 炒锅置火上，倒入清水煮至沸，加上少许精盐，倒入胡萝卜丁、青豆和虾仁丁焯烫至熟，捞出胡萝卜丁、青豆和虾仁丁（图5），用冷水过凉，沥净水分。

4 净锅置火上，倒入植物油烧热，倒入鸡蛋液炒至熟，加入大米饭炒匀，放入青豆、胡萝卜丁和虾仁丁（图6），加上精盐、胡椒粉炒匀，撒上香葱花，淋上香油即成。

香滑鸡肉饭

原料　调料

大米饭200克，鸡胸肉100克，香菇25克

大葱25克，姜片5克，精盐1小匙，胡椒粉、蚝油、香油各1/2小匙

1　鸡胸肉洗净，切成小块；香菇用温水浸泡至软，去蒂，洗净，切成斜刀块；大葱去根和老叶，取中间葱白部分，切成段。

2　鸡肉块放入大碗中，加入香菇块、姜片、蚝油、香油、精盐、胡椒粉拌匀，放入蒸锅中，用旺火蒸20分钟，取出。

3　在盛有鸡肉块的大碗内加入大米饭和葱白段拌匀，再放入蒸锅内，用小火蒸10分钟即可。

茄香肉蛋饭

原料　调料

大米饭400克，羊肉片100克，番茄、青椒、蒜苗各25克，鸡蛋1个

蒜末5克，精盐、胡椒粉、鸡精各1小匙，植物油适量

1 番茄洗净，切成片；青椒去蒂，切成小块；蒜苗洗净，切成小段；羊肉片放入油锅内炒至熟嫩，取出；鸡蛋磕入碗内，搅匀成鸡蛋液。

2 净锅置火上，放入少许植物油烧热，倒入鸡蛋液炒至熟，加入蒜苗段、蒜末炒香，加入青椒块、熟羊肉片和番茄片炒匀。

3 加入大米饭，用旺火翻炒一下，放入精盐、胡椒粉、鸡精调好口味，出锅上桌即可。

素炒饼

面饼400克，绿豆芽150克，胡萝卜100克，香葱15克

大葱、姜块各10克，蒜瓣15克，精盐1小匙，酱油、料酒各1大匙，香油少许，植物油2大匙

1 将面饼改刀切成饼丝（图1）；绿豆芽洗净，去掉根，放入沸水锅内焯烫一下，捞出（图2），过凉，沥净水分。

2 将胡萝卜削去外皮，切成细丝（图3）；香葱去根和老叶，洗净，切成香葱花；姜块去皮，切成小片；蒜瓣去皮，洗净，切成末；大葱洗净，切碎。

3 净锅置火上，加上植物油烧至六成热，加入大葱碎、姜片和少许蒜末炝锅出香味（图4），倒入焯烫好的绿豆芽，加入精盐、料酒、酱油翻炒均匀（图5）。

4 倒入切好的面饼丝，用旺火翻炒片刻，撒上胡萝卜丝，继续炒2分钟（图6），撒上蒜末炒出香味，淋上香油，撒上香葱花，出锅上桌即成。

南瓜饼

南瓜750克，面包糠200克，面粉150克，淀粉100克

奶油75克，白糖2大匙，植物油适量

1 将面粉、淀粉放在容器内，加上白糖、奶油拌匀，再加入适量的清水（图1），搅拌均匀成粉糊。

南瓜削去外皮，去掉南瓜瓤（图2），洗净，切成大片，放在容器中，放入蒸锅内，用旺火蒸20分钟至熟，取出，凉凉，搅拌均匀成南瓜蓉（图3）。

把南瓜蓉倒入盛有粉糊的容器内（图4），拌匀成面团，取出，放在案板上揉搓均匀，制成每个重40克的面剂，压成直径6厘米大小的圆饼生坯。

将圆饼生坯放在大盘上，撒上面包糠并轻轻按压均匀成南瓜饼生坯（图5），放入烧至五成热的油锅内炸至色泽金黄（图6），捞出，沥油，码盘上桌即可。

梅干菜包子

原料　调料

发酵面团400克，梅干菜、猪肉末各150克，冬笋25克

葱末、姜末各15克，味精、胡椒粉、香油、料酒、酱油、白糖、水淀粉、植物油各适量

1　梅干菜用清水浸泡至软，再换清水反复漂洗干净，捞出，沥净水分，切成碎粒；冬笋洗净，切成碎末。

2　把猪肉末放入热油锅中炒至变色，放入梅干菜碎、姜末、冬笋碎末、葱末、料酒、酱油、白糖、胡椒粉、味精炒至入味，用水淀粉勾芡，出锅，凉凉，加入香油拌成馅料。

3　发酵面团揪成面剂，擀成面皮，中间放入馅料，捏褶收口成包子生坯，放入蒸锅内，用旺火蒸15分钟至熟，取出上桌即可。

家常汤包

原料　调料

面粉500克，猪五花肉、鸡胸肉各150克，肉皮冻100克，面肥50克

姜末、葱姜汁、料酒、酱油、食用碱水、芝麻粉、香油、白糖、清汤各适量

1 猪五花肉、鸡胸肉洗净，均剁成碎末，加入姜末、香油、酱油、白糖、料酒、芝麻粉、姜葱汁、清汤和切碎的肉皮冻拌匀成馅料。

2 面粉加入面肥和少许温水揉搓成面团，待发酵后加入食用碱水揉匀，饧15分钟成发酵面团。

3 把发酵面团搓成长条，揪成面剂，包入馅料成汤包生坯，放入蒸锅内，用旺火蒸至熟即成。

糊塌子

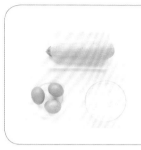

西葫芦、面粉各250克，
胡萝卜50克，鸡蛋3个

大葱15克，精盐1小匙，
五香粉1/2小匙，植物油
适量

1 胡萝卜洗净，去掉菜根，削去外皮，擦成细丝；大葱去根和
老叶，切成葱花。

2 西葫芦洗净，去掉瓜瓤，擦成细丝（图1），放在容器内，加上少许精盐（图2），腌10分钟至出水分，取出西葫芦丝，轻轻攥净水分。

3 将西葫芦丝、胡萝卜丝放在容器内，磕入鸡蛋（图3），加上精盐、五香粉和葱花搅拌均匀，倒入少许清水，加入面粉（图4），搅拌均匀成西葫芦面糊。

4 平底锅置火上，刷上一层植物油并烧热，倒入西葫芦面糊摊平成薄饼（图5），用中火煎至薄饼两面熟香（图6），出锅上桌即可。

羊肉泡馍

面馍、羊肉各300克，香菜25克

大葱、姜块、干红辣椒、花椒、八角、桂皮、香叶各少许，精盐、料酒、胡椒粉、辣椒酱各适量

1 将面馍切成丁（图1）；大葱去根和老叶，洗净，切成小段；姜块洗净，削去外皮，切成菱形片。

2　羊肉洗净血污，放入沸水锅内焯烫3分钟，捞出羊肉，沥净水分；香菜去根和老叶，洗净，切成小段；干红辣椒去蒂，去籽，切成小段。

3　锅内加入清水、羊肉、葱段、姜片、料酒、干红辣椒、花椒、八角、香叶和桂皮，用旺火烧沸，撇去浮沫（图2），用中火煮30分钟至羊肉熟，捞出羊肉，切成片（图3）。

4　锅置火上，滗入煮羊肉的原汤，放入面馍丁（图4），加上熟羊肉片（图5），旺火煮3分钟，加上精盐、胡椒粉，出锅，倒在大碗内（图6），淋上辣椒酱，撒上香菜段即成。

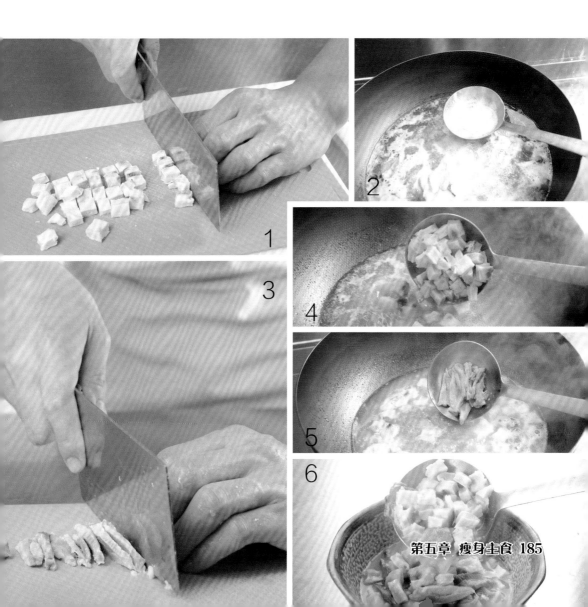

辣白菜饼

原料　调料

面粉300克，辣白菜125克，洋葱75克，韭菜50克，香菇30克

精盐1小匙，鸡精1/2小匙，植物油2大匙

1 香菇去蒂，切成小丁，放入沸水锅内焯烫一下，捞出，沥水；洋葱、辣白菜择洗干净，分别切成小丁；韭菜择洗干净，切成碎末。

2 面粉放在容器内，倒入清水拌匀成比较稠的面糊，加入精盐、鸡精、香菇丁、韭菜碎末、洋葱丁和辣白菜丁，充分搅拌均匀成面糊。

3 净锅置火上，加入植物油烧至五成热，倒入搅拌好的面糊，用中火煎至熟香，出锅，切成条块，码盘上桌即可。

奶油发糕

原料　调料

面粉400克，鸡蛋6个，果料适量

白糖200克，牛奶4大匙，黄油3大匙，酵母粉2小匙，苏打粉少许

1 鸡蛋磕入容器内，加入黄油、白糖搅匀；将酵母粉放在碗内，加入苏打粉和少许温水搅匀，倒入盛有鸡蛋液和黄油的容器内拌匀，放入面粉，加入牛奶调匀成糊状，发酵30分钟。

2 将准备好的果料切成小丁；取一半果料丁，撒在容器底部，倒入发酵好的面糊，再把剩余的果料丁撒在上面成奶油发糕生坯。

3 蒸锅置火上，加入清水烧沸，放入奶油发糕生坯，用旺火蒸约15分钟至熟，出锅上桌即可。

防暑三豆饮

红小豆50克，黄豆40克，绿豆30克

冰糖100克

1 红小豆淘洗干净，放在容器内，倒入适量的清水（图1），浸泡8小时；绿豆淘洗干净，放在另一个容器内，加入适量的清水（图2），浸泡4小时。

2 黄豆去掉杂质，用清水淘洗干净，放在容器内，加入适量的清水（图3），浸泡8小时。

3 净锅置火上，倒入足量的清水，放入浸泡好的绿豆和红小豆（图4），用旺火烧沸，转中火熬煮20分钟。

4 放入浸泡好的黄豆（图5），加入冰糖，继续用中火熬煮至软嫩清香（图6），离火，凉凉即可。

黑芝麻糊

黑芝麻400克，糯米粉
200克

白糖2大匙

1 净锅置火上烧热，倒入糯米粉，用小火慢慢炒约5分钟（图1），待把糯米粉炒至色泽微黄时，取出（图2）。

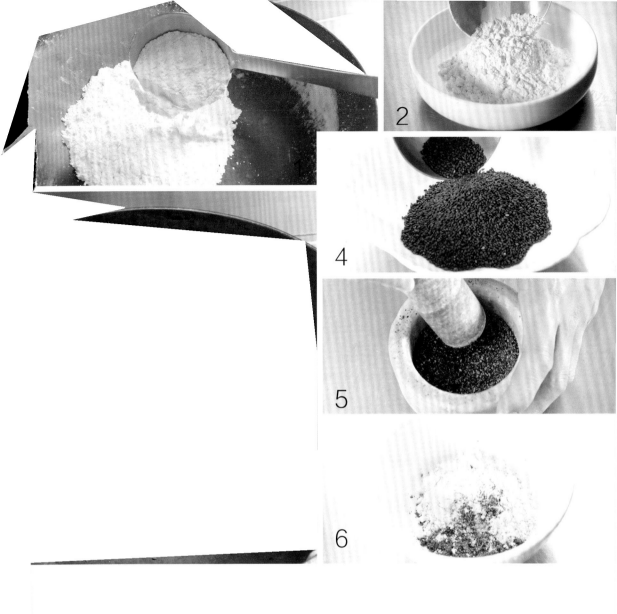

把黑芝麻淘洗干净，放入烧热的净锅内（图3），用小火慢慢翻炒，待把黑芝麻炒出香味时，出锅，倒入盘内，凉凉（图4）。

将炒好并且凉凉的黑芝麻放入石臼中，用捣蒜锤将其捣碎成黑芝麻粉（图5）。

食用时把黑芝麻粉和熟糯米粉按照2：1的比例放在大碗内（图6），倒入适量的沸水，充分搅拌均匀成浓糊，再加入白糖拌匀，直接上桌即成。

图书在版编目(CIP)数据

爱上轻晚食 / 黄蓓主编. -- 长春 : 吉林科学技术
出版社, 2020.10
ISBN 978-7-5578-7676-0

Ⅰ.①爱… Ⅱ.①黄… Ⅲ.①食谱 Ⅳ.
①TS972.12

中国版本图书馆CIP数据核字(2020)第196548号

爱上轻晚食
AISHANG QINGWANSHI

主　　编　黄　蓓
出 版 人　宛　霞
责任编辑　穆思蒙
助理编辑　张恩来
封面设计　雅硕图文工作室
制　　版　雅硕图文工作室
幅面尺寸　172 mm×242 mm
开　　本　16
印　　张　12
字　　数　200千字
印　　数　1-5 000册
版　　次　2020年10月第1版
印　　次　2020年10月第1次印刷
出　　版　吉林科学技术出版社
发　　行　吉林科学技术出版社
地　　址　长春市福祉大路5788号出版集团A座
邮　　编　130118
发行部电话/传真　0431-81629529　81629530　81629531
　　　　　　　　　　81629532　81629533　81629534
储运部电话　0431-86059116
编辑部电话　0431-85610611
印　　刷　吉林省创美堂印刷有限公司
书　　号　ISBN 978-7-5578-7676-0
定　　价　49.80元